"十二五"国家重点图书出版规划项目

中国叠合盆地油气成藏研究丛书

A Series of
Study on Hydrocarbon Accumulation
in Chinese Superimposed Basins

丛书主编 / 庞雄奇

库车拗陷克拉苏构造带碎屑岩储层成因机制与发育模式

Genetic Mechanisms and Development Models of Clastic Reservoirs
in the Kelasu Structure Zone,Kuqa Depression

朱筱敏 杨海军 潘 荣 李 勇 王贵文 刘 芬 著

科学出版社
北京

内 容 简 介

　　本书系近期关于塔里木盆地库车拗陷白垩系深埋碎屑岩储层成因机制与发育模式的主要研究成果,主要讨论库车拗陷克拉苏构造带白垩系巴什基奇克组碎屑岩储层的层序地层格架、沉积环境和沉积类型、储层岩石学特征、储层物性和孔喉特征、储集空间类型和分布特征、储层成岩序列和定量成岩相研究、裂缝发育及其主要控制因素、有效储层的形成机理、有效储层发育的主要控制因素和预测,反映库车拗陷克拉苏构造带白垩系深埋有效碎屑岩储层研究的最新进展,是开展碎屑岩储层研究的重要参考。

　　本书理论与实践相结合,既可作为石油院校的教学参考书,也可以供油田等生产单位参考使用。

图书在版编目(CIP)数据

库车拗陷克拉苏构造带碎屑岩储层成因机制与发育模式＝Genetic Mechanisms and Development Models of Clastic Reservoirs in the Kelasu Structure Zone,Kuqa Depression / 朱筱敏等著. —北京:科学出版社,2017.6
　(中国叠合盆地油气成藏研究丛书 / 庞雄奇主编)
　"十二五"国家重点图书出版规划项目
　ISBN 978-7-03-053430-9

　Ⅰ. ①库… Ⅱ. ①朱… Ⅲ. ①塔里木盆地—构造带-碎屑岩-储集层-成因 Ⅳ. ①P618. 130. 1

中国版本图书馆 CIP 数据核字(2017)第 129157 号

责任编辑:吴凡洁 冯晓利/责任校对:桂伟利
责任印制:张 倩/封面设计:王 浩

科 学 出 版 社 出版
北京东黄城根北街 16 号
邮政编码:100717
http://www.sciencep.com

中国科学院印刷厂 印刷
科学出版社发行 各地新华书店经销

*

2017 年 6 月第 一 版 开本:787×1092 1/16
2017 年 6 月第一次印刷 印张:13 1/2
字数:289 000
定价:198.00 元
(如有印装质量问题,我社负责调换)

丛书序一

油气藏是油气地质研究的对象，也是油气勘探寻找的最终目标。开展油气成藏研究对于认识油气分布规律和提高油气探明率，揭示油气富集机制和提高油气采收率，都具有十分重要的理论意义和现实价值。《中国叠合盆地油气成藏研究丛书》是"九五"以来在国家 973 项目、中国三大石油公司研究项目及其相关油田研究项目等的联合资助下，经过近 20 年的努力取得的重大科技成果。

《中国叠合盆地油气成藏研究丛书》阐述我国叠合盆地油气成藏研究相关领域的重要进展，其中包括：叠合盆地构造特征及其形成演化、地层分布发育与储层形成演化、古隆起变迁与隐蔽圈闭分布研究、油气生成及其演化、油气藏形成演化与分布预测、油气藏调整改造与剩余资源潜力、油气藏地球物理检测与含油气性评价、油气藏分布规律与勘探实践等。这些成果既涉及叠合盆地中浅部油气成藏，也涉及深部油气成藏，既涉及常规油气藏形成演化，也涉及非常规油气藏分布预测，它是由教育系统、科研院所、油田公司等相关单位近百位中青年学者和研究生联合完成的。研究过程得到了相关领导的大力支持和老一代专家学者的悉心指导，体现了产、学、研结合和老、中、青三代人的联合奋斗。

《中国叠合盆地油气成藏研究丛书》中一个具有代表性的成果是建立了油气门限控藏理论模型，突出了勘探关键问题，抓住了成藏主要矛盾，实现了油气分布定量预测。油气门限控藏研究，提出用运聚门限判别有效资源领域和测算资源量，避免了人为主观因素对资源量评价结果的影响，使半个多世纪以来国内外学者（如苏联学者维索茨基等）追求的用物质平衡原理评价资源量的科学思想得以实现；提出用分布门限定量评价有利成藏区带，用多要素控藏组合模拟油气成藏替代单要素分析油气成藏，用定量方法确定成藏"边界＋范围＋概率"替代用传统定性方法"分析成藏条件、研究成藏可能性、讨论成藏范围"；提出依富集门限定量评价有利目标含油气性，实现有利目标钻前地质评价，定量回答圈闭中有无油气以及油气多少等方面的问题，降低了决策风险，提高了成果质量，填补了国内外空白。

"十五"以来，中国三大石油公司应用油气门限控藏理论模型在国内外 20 多个盆地和地区应用，为这一期间我国油气储量快速增长提供了理论和技术支撑。仅在渤海海域盆地、辽河西部凹陷、济阳拗陷、柴达木盆地、南堡凹陷五个重点测试区系统应用，即预测出 26 个潜在资源领域、300 多个成藏区带、500 多个有利目标，指导油田公司共计部署探井 776 口，发现三级储量 46.8 亿 t 油当量，取得了巨大的经济效益。教育部相关机构在 2010 年 8 月 28 日，组织了相关领域的院士和知名专家对相关理论成果进行了评审鉴定。大家一致认为，油气门限控藏研究创造性地从油气成藏临界地质条件控油气作用出发，揭示和阐明了油气藏形成和富集规律，为复杂地质条件下的油气勘探提供了新的理论、方法和技术。

　　作为"中国叠合盆地油气成藏研究"的倡导者、见证者和某种意义上的参与者，我十分高兴地看到以庞雄奇教授为首席科学家的团队在近 20 多年来的快速成长和取得的一项又一项的创新成果。我们有充分的理由相信，随着 973 项目的研究深入和该套丛书的相继出版，"中国叠合盆地油气成藏研究"系列成果将为我国，乃至世界油气勘探事业的发展做出更大贡献。

中国科学院院士

2013 年 8 月 18 日

丛书序二

　　《中国叠合盆地油气成藏研究丛书》集中展示了中国学者近 20 年来在国家三轮 973 项目连续资助下取得的创新成果，这些成果完善和发展了中国叠合盆地油气地质与勘探理论，为复杂地质条件下的油气勘探提供了新的理论指导和方法技术支撑。相信出版这些成果将有力地推动我国叠合盆地的油气勘探。

　　"油气门限控藏"是"中国叠合盆地油气成藏研究"系列创新成果中的核心内容，它从油气运聚、分布和富集的临界地质条件出发，揭示和阐明了油气藏分布规律。在这一学术思想引导下，获得了一系列相关的创新成果，突出表现在以下四个方面。

　　一是提出了油气运聚门限联合控藏模式，建立了油气生排聚散平衡模型，研发了资源评价与预测新方法和新技术。基于大量的样品测试和物理模拟、数值模拟实验研究，发现油气在成藏过程中存在排运、聚集和工业规模三个临界地质条件，研究揭示了每一个油气门限及其联合控油气作用机制与损耗烃量变化特征；提出了三个油气门限的判别标准和四类损耗烃量计算模型，创建了新的油气生排聚散平衡模型和油气运聚地质门限控藏模式，已在全国新一轮油气资源评价中发挥了重要作用。

　　二是提出了油气分布门限组合控藏模式，研发了有利成藏区预测与评价新方法和新技术。基于两千多个油气藏剖析和上万个油气藏资料统计，研究发现油气分布的边界、范围和概率受六个既能客观描述又能定量表征的功能要素控制；揭示了每一功能要素的控藏临界条件与变化特征；阐明了源、储、盖、势四大类控藏临界条件的时空组合决定着油气藏分布的边界、范围和概率；建立了不同类型油气藏要素组合控藏模式并研发了应用技术，实现了成藏过程研究与评价的模式化和定量化，提高了成藏目标预测的科学性和可靠性。

　　三是提出了油气富集临界条件复合控藏模式，研发了有利目标含油气性评价技术。基于上万个油气藏含油气性资料的统计分析和近千次物理模拟和数值模拟实验研究，发现近源-优相-低势复合区控制着圈闭内储层的含油气性。圈闭内外界面能势差越大，圈闭内储层的含油气性越好。研究成果揭示了储层内外界面势差控油气富集的临界条件与变化特征；阐明了圈闭内部储层含油气性随内外界面势差增大而增加的基本规律；建立了相-势-源复合指数（FPSI）与储层含油气性定量关系模式并研发了应用技术，实现了钻前目标含油气性地质预测与定量评价，降低了勘探风险。

　　四是提出了构造过程叠加与油气藏调整改造模式，研发了多期构造变动下油气藏破坏烃量评价方法和技术。研究成果阐明了构造变动对油气藏形成和分布的破坏作用；揭示了构造变动破坏和改造油气藏的机制，其中包括位置迁移、规模改造、组分分异、相态转换、生物降解和高温裂解；建立了构造变动破坏烃量与构造变动强度、次数、顺序及盖层封油气性等四大主控因素之间的定量关系模型，应用相关技术能够评价叠合盆地每一次构造变动的相对破坏烃量和绝对破坏烃量，为有利成藏区域内当今最有利勘探区带的预测与资源潜力评价提供了科学的地质依据。

油气门限控藏理论成果已通过产、学、研相结合等多种形式与油田公司合作在辽河西部凹陷、渤海海域盆地、济阳拗陷、南堡凹陷、柴达木盆地五个测试区进行了全面系统的应用。"十五"以来，中国三大石油公司将新成果推广应用于 20 个盆地和地区，为大量工业性油气发现提供了理论和技术支撑。

作为中国油气工业战线的一位老兵和油气地质与勘探领域的科技工作者，我有幸担任了"中国叠合盆地油气成藏研究"的 973 项目专家组组长的工作，见证了年轻一代科技工作者好学求进、不畏艰难、勇攀高峰的科学精神，看到一代又一代的年轻学者在我们共同的事业中快速成长起来，心中感受到的不仅是欣慰，更有自豪和光荣。鉴于"中国叠合盆地油气成藏研究"取得的重要进展和在油气勘探过程中取得的重大效益，我十分高兴向同行学者推荐这方面成果并期盼这套丛书中的成果能在我国乃至世界叠合盆地的油气勘探中发挥出越来越大的作用。

中国工程院院士

2013 年 2 月 28 日

丛书序三

　　中国含油气盆地的最大特征是在不同地区叠加和复合了不同时期形成的不同类型的含油气盆地，它们被称为叠合盆地。叠合盆地内部出现多个不整合面、存在多套生储盖组合、发生多旋回成藏作用、经历多期调整改造。四多的地质特征决定了中国叠合盆地油气成藏与分布的复杂性。目前，在中国叠合盆地，尤其是西部复杂叠合盆地发现的油气藏普遍表现出位置迁移、组分变异、规模改造、相态转换、生物降解和高温裂解等现象，油气勘探十分困难。应用国内外已有的成藏理论指导油气勘探遇到了前所未有的挑战，其中包括：烃源灶内有时找不到大量的油气聚集，构造高部位有时出现更多的失利井，预测的最有利目标有时发现有大量干沥青，斜坡带输导层内有时能够富集大量油气……所有这些说明，开展"中国叠合盆地油气成藏研究"对于解决油气勘探问题并提高勘探成效具有十分重要的理论意义和现实价值。

　　经过近二十年的努力探索，尤其是在国家几轮 973 项目的连续资助下，中国学者在叠合盆地油气成藏研究领域取得了重要进展。为了解决中国叠合盆地油气勘探困难，科技部自一开始就在资源和能源两个领域设立了 973 项目，《中国叠合盆地油气成藏研究丛书》就是这方面多个 973 项目创新成果的集中展示。在这一系列成果中，不仅有对叠合盆地形成机制和演化历史的剖析，也有对叠合盆地油气成藏条件的分析和评价，还有对叠合盆地油气成藏特征、成藏机制和成藏规律的揭示和总结，更有对叠合盆地油气分布预测方法和技术的研发以及应用成效的介绍。《油气运聚门限与资源潜力评价》《油气分布门限与成藏区带预测》《油气富集门限与勘探目标优选》和《油气藏调整改造与构造破坏烃量模拟》都是丛书中的代表性专著。出版这些创新成果对于推动我国，乃至世界叠合盆地的油气勘探都具有十分重要的理论意义和现实意义。

　　"中国叠合盆地油气成藏研究"系列成果的出版标志着我国因"文化大革命"造成的人才断层的完全弥合。这项成果主要是我国招生制度改革后培养出来的年轻一代学者负责承担项目并努力奋斗取得的，它们的出版标志着"文化大革命"后新一代科学家已全面成长起来并在我国科技战线中发挥着关键作用，也从另一侧面反映了我国招生制度改革的成功和油气地质与勘探事业后继有人，是较之科研成果自身更让我们感到欣慰和振奋的成果。

　　"中国叠合盆地油气成藏研究"系列成果的出版标志着叠合盆地油气成藏理论研究取得重要进展。这项成果是针对国内外已有理论在指导我国叠合盆地油气勘探过程中遇到挑战后展开探索研究取得的，它们既有对经典理论的完善和发展，也有对复杂地质条件下油气成藏理论的新探索和油气勘探技术的新研发。"油气门限控藏"理论模式的提出以及"油气藏调整改造与构造变动破坏烃量评价技术"的研发都是这方面的代表性成果，它们有力地推动了叠合盆地油气勘探事业的向前发展。

"中国叠合盆地油气成藏研究"系列成果的出版标志着我国叠合盆地油气勘探事业取得重大成效。它是针对我国叠合盆地油气勘探遇到的生产实际问题展开研究所取得的创新成果，对于指导我国叠合盆地，尤其是西部复杂叠合盆地的油气深化勘探具有重大的现实意义。近十年来中国西部叠合盆地油气勘探的不断突破和储产量快速增长，真实地反映了相关理论和技术在油气勘探实践中的指导作用。

"中国叠合盆地油气成藏研究"系列成果的出版标志着能源领域国家重点基础研究（973）项目的成功实践。这项成果是在获得国家连续三届973项目资助下取得的，其中包括"中国典型叠合盆地油气形成富集与分布预测（G1999043300）""中国西部典型叠合盆地油气成藏机制与分布规律（2006CB202300）""中国西部叠合盆地深部油气复合成藏机制与富集规律（2011CB201100）"。这些项目与成果集中体现了科学研究的国家目标和技术目标的统一，反映了973项目的成功实践和取得的丰硕成果。

"中国叠合盆地油气成藏研究"系列成果的出版将进一步凝聚力量并持续推动中国叠合盆地油气勘探事业向前发展。这一系列成果是在我国油气地质与勘探领域老一代科学家的关怀和指导下，中国年轻一代的科学家带领硕士生、博士生、博士后和年轻科技工作者努力奋斗取得的，它凝聚了老、中、青三代人的心血和智慧。《中国叠合盆地油气成藏研究丛书》的出版既集中展示了中国叠合盆地油气成藏研究的最新成果，也反映了老、中、青三代科研人的团结奋斗和共同期待，必将引导和鼓励越来越多年轻学者加入到叠合盆地油气成藏深化研究和油气勘探持续发展的事业中来。

中国叠合盆地剩余资源潜力十分巨大，近十年来中国西部叠合盆地油气储量和产量的快速增长证明了这一点。随着油气勘探的深入和大规模非常规油气资源的发现，叠合盆地深部油气成藏研究和非常规油气藏研究正在吸引着越来越多学者的关注。我们期盼，《中国叠合盆地油气成藏研究丛书》的出版不仅能够引导中国叠合盆地常规油气资源的勘探和开发，也能为推动中国，乃至世界叠合盆地深部油气资源和非常规油气资源的勘探和开发做出积极贡献。

金之钧

中国科学院院士

2013年2月28日

丛书前言

中国油气地质的显著特点是广泛发育叠合盆地。叠合盆地发生过多期构造变动，发育了多套生储盖组合，出现过多旋回的油气成藏和多期次的调整改造，目前显现出"位置迁移、组分变异、多源混合、规模改造、相态转换"等复杂地质特征，已有勘探理论和技术在实用中遇到了前所未有的挑战。中国含油气盆地具有从东到西，由单型盆地向简单叠合盆地再向复杂叠合盆地过渡的特点，相比之下西部复杂叠合盆地的油气勘探难度更大。揭示中国叠合盆地油气成藏机制和分布规律，是20世纪末中国油气勘探实施稳定东部、发展西部战略过程中面临的最为迫切的科研任务。

《中国叠合盆地油气成藏研究丛书》汇集了我国油气地质与勘探工作者在油气成藏研究的相关领域取得的创新成果，它们主要涉及"中国西部典型叠合盆地油气成藏机制与分布规律（2006CB202300）"和"中国西部叠合盆地深部油气复合成藏机制与富集规律（2011CB201100）"两个国家重点基础研究发展计划（973）项目。在这之前，金之钧教授和王清晨研究员已带领我们及相关的研究团队完成了中国叠合盆地第一个973项目"中国典型叠合盆地油气形成富集与分布预测（G1999043300）"。这一期间积累的资料、获得的成果和发现的问题，为后期两个973项目的展开奠定了基础、确立了方向、开辟了道路，后两个973项目可以说是前期973项目研究工作的持续和深化。

"中国叠合盆地油气成藏研究"能够持续展开，得益于科学技术部重点基础研究计划项目的资助，更得力于老一代科学家的悉心指导和大力帮助。许多前辈导师作为科学技术部跟踪专家和项目组聘请专家长期参与和指导了项目工作，为中国叠合盆地油气成藏研究奉献了智慧、热情和心血。中国石油大学张一伟教授，就是众多导师中持续关心我们、指导我们、帮助我们和鼓励我们的一位突出代表。他既将973项目看作年轻专家学者攀登科学高峰的战场，也将它当做培养高层次研究人才的平台，还将它视为发展新型交叉学科的沃土。他不仅指导我们凝练科学问题，还亲自带领我们研发物理模拟实验装置，甚至亲自开展科学实验。在他最后即将离开人世的时候还在念念不忘我们承担的项目和正在培养的研究生。老一代科学家的关心指导、各领域专家的大力帮助以及社会的殷切期盼是我们团队努力做好项目的强大动力。

"中国叠合盆地油气成藏研究"能够顺利进行，得力于相关部门，尤其是依托单位的强力组织和研究基地的大力帮助。中国石油天然气集团公司，既组织我们申报立项、答辩验收，还协助我们组织课题和给予配套经费支持；中石油塔里木油田公司和中石油新疆油田公司组织专门的队伍参与项目研究，协助各课题研究人员到现场收集资料，每年派专家向全体研究人员报告生产进展和问题，轮流主持学术成果交流会，积极组织力量将创新成果用于油气勘探实践。依托单位的帮助和研究基地人员的参与，一方面保障了项目研究的顺利进行、加快了项目研究进程，另一方面缩短了创新成果用于勘探生产实践的测试时间，促进了科技成果向生产力转化。在相关部门的支持和帮助下，本项目成果已通过多种方法和途径被推广应用到国内外二十多个盆地和地区，并取得重大勘探成效。

"中国叠合盆地油气成藏研究"能够获得创新成果，得益于产、学、研结合和老、中、青三代人的联合奋斗。近二十年来，我们以 973 项目为纽带，汇聚了中国石油大学、中国地质大学、中国科学院地质与地球物理研究所、中国科学院广州地球化学研究所、中石油勘探开发研究院、中石油塔里木油田公司、中石油新疆油田公司等单位的相关力量，做到了产学研强强联合和优势互补，加速了科学问题的解决；每一期 973 项目研究，除了有科技部指派的跟踪专家、项目组聘请的指导专家和承担各课题的科学家外，还有一批研究助手、研究生以及油田公司配套的研究人员和年轻科技人员参加。这种产、学、研结合和老、中、青联合的科研形式，既保障了科研工作的质量、科学问题的快速解决以及创新成果的及时应用，又为油气勘探事业的不断发展创造了条件，增加了新的动力。

《中国叠合盆地油气成藏研究丛书》的创新成果，已通过油田公司的配套项目、项目组或课题组与油田公司联合承担项目等形式，广泛应用于油气勘探生产，该丛书的出版必将更有力地推动相关创新成果的广泛应用并为更加复杂问题的解决提供技术思路和工作参考。《中国叠合盆地油气成藏研究丛书》凝聚了以各种形式参与这一研究工作的全体同仁的心血、汗水和智慧，它的出版获得了 973 项目承担单位和主管部门的大力支持，也得到了依托部门的资助和科学出版社的帮助，在此我们深表谢意。

2014 年 3 月 18 日

前　言

　　塔里木盆地库车拗陷油气资源丰富，是塔里木盆地油气勘探主战场之一，是我国"西气东输"的天然气主要资源基地。库车拗陷油气勘探历程艰苦曲折。其油气勘探始于1954年，1958年在依奇克里克构造上钻探依浅1井，在井深468.16m处发生井喷，三天喷原油2178m³。1965～1989年，油气勘探经历了浅层勘探—深层勘探—再浅层勘探—再深层勘探的过程，由于勘探技术落后，没有地震数据，主要是跟踪油苗钻探浅层和老、陡构造，勘探成效不大。1988年塔里木石油指挥部成立后，1989～1997年再次展开塔里木盆地勘探工作，在库车前陆盆地前缘隆起带取得突破，发现了中生界为烃源岩的陆相凝析油气带，包括英买7、提尔根、红旗1、牙哈、羊塔克、玉东2六个凝析油气田。在北缘构造冲断带，发现一批油气显示构造，包括东秋5、克参1、克拉2、克拉3、依南2、吐北1等。1998年发现克拉2大气田。从此，库车前陆盆地开始处于天然气大发展时期。2005年以来，新的地震采集技术有效提高了地震资料品质，2007年后相继发现大北1、博孜1、克深2等特大气田，如克深2井于2008年完井测试，6573～6679m井段酸化压裂后，6mm油嘴求产，油压70.92MPa，获日产气343524m³。2009年之后由于新的二维、三维地震资料采集及地震资料处理技术的提高，同时深入研究深层储层地质问题，先后发现了克深5、克深8等气藏（田）。克深7井于2011年完钻测试，在7945～8023m井段，裸眼酸化，6mm油嘴求产，油压30.93MPa，日产液344m³。8000余米深度的突破，极大地解放了深层圈闭，展示了库车拗陷天然气勘探的巨大潜力，并为我国西气东输做出了巨大贡献。

　　库车拗陷克拉苏构造带是重要的勘探开发构造单元，为南天山山前第二排构造，位于北单斜带之南，拜城凹陷以北。该带以发育长轴状、线状背斜、断背斜、断鼻构造为特征，总体呈NEE—EW向展布，构造发育与演化主要受区域逆冲断裂的控制。库车拗陷克拉苏构造带勘探的主攻目标为古近系盐下背斜圈闭，勘探目的层包括古近系、白垩系巴什基奇克组和巴西盖组，其中白垩系巴什基奇克组为主要层系。

　　目前，克拉苏构造带勘探成果表明该带是一个构造背景复杂、白垩系碎屑岩储层埋深大、丰度很高的天然气聚集带，天然气气藏均为超高压干气、湿气气藏。随着库车拗陷克拉苏构造带大北3等井在7000m以下获得天然气勘探突破，克深7井、克深902井等在8000m以下深层发现了较好储层，使一大批深层、超深层盐下的圈闭勘探成为现实。显然，明确克拉苏构造带深埋条件下巴什基奇克组储层的成因机制，深入开展有利碎屑岩储集相带和有效孔渗带综合研究，揭示深部有利储层的形成机制和分布规律并建立发育模式，预测重点层段深层有利储集带的分布，为库车拗陷深部有利储层和油气藏的分布预测提供理论依据和分析方法，对提高库车拗陷天然气储量，指导后续深层天然气勘探具有重要意义。

随着全球范围沉积盆地中、浅层油气勘探程度的不断深入，寻找沉积盆地深层有效储层已成为一种必然趋势。通常，随着埋藏深度的加大，碎屑岩储层的压实作用会越来越强，储层会越来越致密。但是近年来深层油气藏的科学研究和勘探实践证实，盆地深部仍可存在有效储层，深部碎屑岩油气藏的勘探正成为全球油气储量增长的新亮点。因此，深埋有效碎屑岩储层形成机理引起了石油地质学家们的极大关注，加强深层有效碎屑岩储层的研究具有十分重要的理论和实践意义。国内外学者对碎屑岩储层的形成机理做了大量的研究工作。最早也最为经典的当属 Schmidt 和 McDonald 于 1979 年发表的题为《砂岩成岩过程中次生孔隙的形成》这一著名论文，指出次生孔隙的形成与有机质演化有关。20 世纪 80 年代，Surdam 进一步研究了在储层孔隙演化过程中，有机和无机过程相互作用的机制，提出次生孔隙的有机成因说。这一时期储层形成机制的研究主要集中于有效储层静态特征（如岩石学特征、储集空间特征、成岩特征等）的精细刻画。20 世纪 90 年代后期至今，储层成因机理的研究趋向于多因素、多尺度、多界面动态分析，深入剖析流岩作用和成岩演化动力机制，还原碎屑岩储层成岩作用时空属性，分析有效储层在地质历史时期与地层温度、压力、流体等地质要素的耦合关系，以及采用多种方法技术预测有效储层。据不完全统计，目前国外正在生产的深层（埋深大于 5000m）碎屑岩油气藏达 31 个；我国深部油气勘探始于 1977 年渤海湾盆地，随后在我国四川盆地、塔里木盆地、准噶尔盆地深部均有油气发现。深部储层由于沉积背景多样，埋藏深（大于 3000m），且经历了复杂漫长的成岩和构造演化，形成有效储层的机理复杂、控制因素繁多，因而受到地质学家高度重视。目前，国内外研究深部有效储层的形成机理的讨论主要集中于沉积环境及成岩作用过程，以及构造作用后期对储层进行有利改造或其对成岩作用的影响研究。细化讨论沉积环境、成岩作用、异常高压、地温场、埋藏方式、膏盐效应、烃类充注、颗粒包壳（或颗粒薄膜）、构造应力、砂泥岩互层状况、流体活动等对有效储层形成机理的影响已成为深埋有效碎屑岩储层的主要趋向。

本书是近年来塔里木油田公司与中国石油大学（北京）合作的研究成果，同时也包含了中国石油大学（华东）、中国科学院地质与地球物理研究所、中国石油勘探开发研究院、中国石油杭州地质研究院等多家科研院所合作的研究成果，反映了库车拗陷克拉苏构造带深埋有效碎屑岩储层研究的最新进展。全书共分八章，第一章由杨海军、李勇编写，第二章由朱筱敏、潘荣编写，第三章由潘荣、朱筱敏编写，第四章由潘荣、刘芬编写，第五章由潘荣、刘芬编写，第六章由王贵文、杨海军编写，第七章由朱筱敏、潘荣编写，第八章由杨海军、李勇、潘荣编写。全书最后由朱筱敏教授统稿和修订。书中的主要成果是在国家 973 项目资助下完成的；在成果推广应用过程中得到了中国石油塔里木油田公司配套经费的支持和相关领域专家的帮助，尤其得到了 973 项目专家组各位专家的悉心指导，在此深表谢意。

目　录

第一章 库车拗陷地质概况

第一节 构造单元和构造演化

库车拗陷属于天山褶皱带南麓前陆盆地，在海西晚期晚二叠世开始发育，经历了多期构造运动，是叠加在古生代被动大陆边缘之上的中、新生代叠合前陆盆地，其沉积和构造特征具有鲜明的前陆盆地性质（贾承造，1992；汪新文等，1994；何登发等，1996；卢华复等，1996；顾家裕等，2001；赵靖舟，2003）。库车拗陷经历了多期构造运动，但主要受两期构造运动的影响：第一期为白垩纪燕山运动，使北部天山抬升，向南形成较大的水平挤压力，形成一系列北倾逆断层，是拗陷内断裂和构造的重要发育期；第二期为古近纪—新近纪的喜马拉雅运动，北部天山继续抬升，燕山期断裂继续活动，形成了天山山前大型逆冲褶皱带及一系列逆冲断层。上述构造运动造就了库车拗陷现今"四带三凹"的构造格局，即北部单斜带、克拉苏-依奇克里克构造带、秋立塔格构造带、南部斜坡带及拜城凹陷、阳霞凹陷、乌什凹陷（图1-1）。

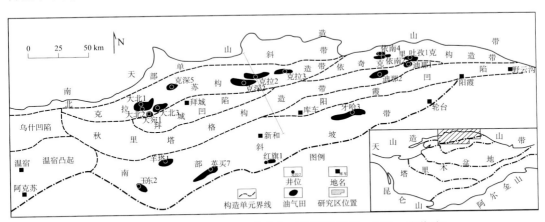

图 1-1　库车拗陷构造单元及其分布（据贾进华等，2001，有修改）

一、库车拗陷构造单元

（一）库车拗陷构造单元划分

库车拗陷与南天山的盆山过渡带总体上表现为强烈挤压的构造变形特征，库车拗陷北部边缘及拗陷内部发育有一系列逆冲断层和褶皱构造。库车拗陷的"四带三凹"共 7 个次级构造单元，均呈 NEE 向的条带状展布，整体上呈向南凸出的弧形，宏观上构成"两隆夹一拗"的构造格局（图 1-1、图 1-2）。

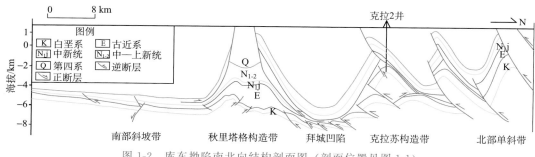

图 1-2　库车拗陷南北向结构剖面图（剖面位置见图 1-1）

1. 北部单斜带

北部单斜带位于南天山山前、库车拗陷的北缘，呈西窄东宽不规则的条带状，为一向南倾斜的单斜构造。由南天山向盆地内部地表出露的地层依次为二叠系、中生界和新生界，并以中生界为主，地层下陡上缓，中等倾斜至陡倾。这一单斜带为南天山向盆地的过渡带，其形成主要是南天山隆升的背景下基底抬升所致。

2. 克拉苏-依奇克里克构造带

克拉苏-依奇克里克构造带位于北部单斜带南侧、拜城凹陷北缘，包括西段的克拉苏构造带和东段的依奇克里克构造带，是目前库车拗陷油气最富集的构造带。克拉苏构造带由若干 NEE 向延伸的背斜组成，其西部为吐孜玛扎背斜；东部为南北两个背斜带，北带有坎亚背斜、巴什基奇克背斜、库姆格列木背斜，南带有吉迪克背斜和喀桑托开背斜；具有分层变形特征，上、下构造层相互关联而不一致。依奇克里克构造带自西向东由依奇克里克背斜、吐孜洛克背斜和吐格尔明背斜组成，三者总体走向为近 EW 向。背斜主体部分主要出露新生界，局部出露白垩系。

3. 乌什-拜城-阳霞凹陷带

自西向东分布有乌什凹陷、拜城凹陷、阳霞凹陷。中、新生界厚度巨大，是由于天山隆升、挤压而引起塑性地层流动和重力均衡作用，形成的向斜凹陷带。拜城凹陷比克拉苏背斜带北侧的向斜规模更大，使克拉苏构造带在地震剖面上具有明显的南北不对称性。

4. 秋里塔格构造带

秋里塔格构造带是由 1～2 排的断层冲破滑脱背斜构成，可分东、中、西三段。西段为却勒构造带，由 NWW 向延伸的亚克里克背斜和米斯坎塔克背斜组成，中段为西秋里塔格构造带，由 NEE 向延伸的南秋里塔格背斜和北秋里塔格背斜组成；东段为东秋里塔格构造带，位于拜城和阳霞凹陷连接部位，地表为库车塔吾背斜和东秋里塔格背斜。背斜上出露的地层主要是新生界苏维依组、吉迪克组、康村组和库车组等，没有出露白垩系。

5. 南部斜坡带

南部斜坡带位于库车拗陷南部，地层平缓、构造幅度不大，包括亚肯、库车等背斜，向南过渡到塔北隆起。南界为轮台断裂带—英买断裂带，可进一步划分为羊塔克、英买、红旗、牙哈等构造带。

（二）库车拗陷中部与周边构造单元关系

库车拗陷中部是指位于南天山和塔北隆起之间的北部单斜带、克拉苏构造带、拜城凹陷、却勒-西秋构造带和南部斜坡带等构造单元。库车拗陷中部的构造变形，一方面取决于其自身的物质组成及构造应力，另一方面取决于构造的边界条件，即与周边构造单元的关系密切相关。

1. 北部边界与南天山南缘的关系

库车拗陷的北部单斜带与南天山南缘相连，中生代库车拗陷可向北延伸到南天山，所以这一边界不是原始的沉积边界，而是经后期改造的构造边界。多数学者在研究库车拗陷的变形时都强调了南天山向南的构造挤压作用，随着南天山向库车拗陷的楔入，主逆冲断层位于构造楔下方并向南逆冲，构造楔上方是向北逆冲的反向断层［图 1-3(a)］。一些学者研究表明：向北逆冲的断层只在局部被发现，而大量顺层断层属于向盆地倾斜的正断层，构造楔上方所见的众多构造形迹并不指示向北的反向逆冲，而是反映了从天山向南（库车拗陷方向）的滑动，并提出天山垂向隆升引起盆山边界的重力扩展构造［图 1-3(b)］。南天山隆升引起的垂向剪切与向南的挤压作用是晚新生代时期南天山陆内造山作用的两个方面，它们对库车拗陷北部边缘及拗陷内部的构造变形具有重要影响。

2. 西部边界与乌什凹陷、温宿凸起的关系

在地表露头上，库车拗陷呈向南凸出的弧形，在与乌什凹陷、温宿凸起交界处，地表背斜由原来的 NEE 走向变为 NWW 走向，暗示构造变形在库车中部向南传递较远，而在库车西部的乌什凹陷、温宿凸起向南传递较近，这种现象说明必然存在一个大型的走滑构造来调节两侧的变形，这个构造就是 NW 向延伸的喀拉玉尔滚右行走滑断裂带。库车中部存在库姆格列木群膏盐岩层，另外塔北隆起距离南天山较远，故构造变形向南传递较远；而乌什凹陷膏盐岩层相对较少，温宿凸起距离南天山较近阻挡了构造变形向南传递，这是产生喀拉玉尔滚走滑断裂带的根本原因。

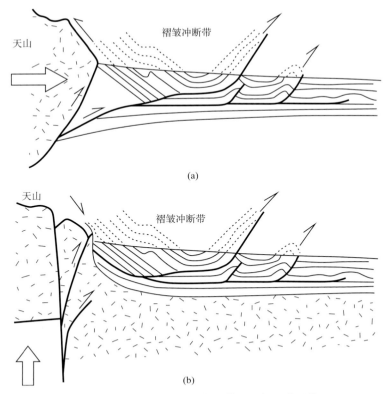

图 1-3　库车拗陷-南天山边界动力学模型（据王清晨等，2003）

3. 东部边界与依奇克里克、东秋里塔格构造带的关系

克拉苏与依奇克里克构造带构造转换部位向南至东秋 6 井一线为库车拗陷中段的东部边界。边界附近是库姆格列木群膏盐岩向西尖灭、吉迪克组膏盐岩逐渐发育的转换部位，南北向走滑断裂发育。断裂西侧由于秋里塔格低隆起的阻挡、吉迪克组膏盐岩层分布范围相对小，故构造变形向南传递较近；断裂东侧基底较平、吉迪克组膏盐岩层分布较广，故构造变形向南传递较远。东秋断裂起到了调节两侧构造变形的作用。

4. 南部边界与塔北隆起的关系

库车拗陷三叠系、侏罗系和白垩系向塔北隆起逐渐减薄或尖灭，表明库车拗陷南部斜坡带处于中生代库车盆地的边缘。南部斜坡带构造变形微弱，一方面是由于库姆格列木群的膏盐岩层在此变薄甚至尖灭，另一方面也是由于塔北隆起阻挡了构造变形向南传递。北部南天山的构造挤压传递至却勒-西秋构造带后，由于塑性膏盐岩层的存在，挤压应力消耗较少，大部分仍向南传递至南部斜坡带、塔北隆起，只是由于缺少软弱层塔北隆起变形较弱，所以塔北隆起对库车拗陷的变形客观上起到了构造阻挡的作用。

二、库车拗陷构造演化

(一) 库车拗陷中、新生代盆地演化[①]

库车拗陷中、新生代盆地至少可以划分为三叠纪、侏罗纪—白垩纪、古近纪—中新世、上新世—第四纪共四个演化时期。不同时期的沉积-构造特征有明显的差异,而且盆地间歇期间还发生过明显的区域性隆升和构造变形,形成区域性不整合接触构造 (表 1-1, 图 1-4)。

1. 三叠纪盆地

塔里木陆块与伊犁-中天山岩浆弧之间的南天山洋盆在早二叠世末关闭,晚二叠世发生陆弧碰撞,塔里木陆块向南天山增生楔之下发生"A"型俯冲作用,盆地基底挠曲沉降,在塔里木板块北部、南天山南缘开始形成库车周缘前陆盆地 (卢华复等,1996) [图 1-4 (a)]。上二叠统为一套冲积扇沉积的磨拉石建造,但是早二叠世末期的区域隆升使库车地区的上二叠统基本剥蚀完毕。三叠系的沉积是在经过区域隆升和剥蚀作用之后在南天山增生楔、库车前陆地区 (或有残存的早二叠世前陆盆地) 基础上发育的沉积盆地,是南天山造山后经过热隆升的岩石圈发生冷却作用过程中形成的,属于造山后的塌陷伸展盆地 [图 1-4 (b)]。

库车拗陷北部单斜带出露的三叠系为一套陆相碎屑岩沉积,与下伏二叠系呈不整合接触。古流和物源分析表明三叠纪盆地主要物源区为北部古天山造山带的沉积岩、变质沉积岩及部分岩浆岩。盆地沉积中心位于南天山山前,甚至在南天山内部,总体上与天山造山带延伸方向一致。沉积层序显示库车拗陷的三叠系总体为向北逐渐增厚的楔状体,同时自西向东也有增厚的趋势。库车三叠纪盆地具有一个完整的陆相湖盆演化的沉积旋回特征。

2. 侏罗纪—白垩纪盆地

随着造山期后的应力松弛,库车地区侏罗纪—白垩纪进入断陷、拗陷盆地阶段 [图 1-4 (c)]。出露于库车北部的单斜带的侏罗系与下伏三叠系呈平行不整合接触,与其不同的是沉积厚度更大 (达 2000m),总体上为北厚南薄的楔形体,在塔北隆起上逐渐变薄缺失。侏罗系发育煤系地层,盆地的沉积中心位于南天山山前,物源为北部的古天山造山带。阿合组为规模宏大的粗碎屑辫状三角洲沉积体系;阳霞组和克孜勒努尔组为曲流河沉积,发育煤系地层;从克孜勒努尔组上部到齐古组,厚层细粒的沉积物表明盆地内部水体持续加深,处于断陷盆地后期的拗陷阶段;喀拉扎组为一套呈块状堆积的砾岩沉积,反映了冲积平原和河流沉积特征。白垩系下统最大沉积厚度出现在北部单斜带及克拉苏构造带,说明沉积中心相比三叠系和侏罗系有向南迁移的迹象。

---

① 漆家福,李艳友.2012.库车前陆盆地地质结构再认识及大北-克深三维区构造建模 (内部报告).库尔勒:中国石油塔里木油田公司.

下白垩统为一套陆相扇三角洲、宽浅型湖泊沉积。沉积范围加大，可延伸至塔北隆起，为典型广盆、浅拗的均匀沉积。亚格列木组的砂砾岩为冲积平原和河流沉积；舒善河组砂质泥岩为氧化-还原型湖泊沉积；巴西盖组的细砂岩、粉砂岩为滨浅湖和湖泊三角洲沉积；巴什基奇克组下部的砂岩、泥岩为辫状三角洲沉积，上部的细砾岩、粗砂岩为冲积扇和扇三角洲沉积。

表 1-1 库车拗陷中生代和新生代盆地构造基本特征

盆地期次		盆地性质	构造背景	沉积充填及构造变形主要特征
IV	第四纪	再生前陆盆地	新天山与塔里木板块近 SN 向区域挤压作用	发育整体挤压分层变形的褶皱冲断变形，盐构造继续发育，向斜及逆冲带下盘充填新近系和第四系较厚
	上新世			
III	中新世	均衡挠曲盆地	早期地壳均衡（弱伸展）、晚期近 SN 向弱挤压作用	宽缓的均衡拗陷中发育盐岩层、碎屑岩层，后期发育隐刺穿、刺穿盐构造
	古近纪			
II	晚白垩世	区域隆升	科希斯坦-德拉斯岛弧与拉萨陆块碰撞的远程效应	以区域隆升和剥蚀作用为主
	早白垩世	伸展拗陷盆地	地壳均衡和近 SN 向弱引张作用	宽缓的均衡拗陷中充填碎屑岩层，晚期北部均衡（弱挤压）隆升，剥蚀明显
	侏罗纪	裂陷盆地	近 SN 向引张作用和地壳均衡	断陷、伸展型拗陷，发育基底卷入正断层并控制沉积厚度
I	三叠纪	伸展拗陷盆地	古南天山造山作用后岩石圈冷却作用导致盆地沉降	充填的三叠系向南减薄，塔北隆起发育小型正断层

晚白垩世—白垩纪末在青藏高原地区，科希斯坦-德拉斯岛弧与拉萨地体发生碰撞（贾承造等，2003），在这一碰撞事件远距离效应的影响下，使侏罗纪以来的张性构造环境一度转为挤压构造环境，库车拗陷与天山之间发生了强烈的差异性隆升，造成大范围的抬升剥蚀，形成了古近系与白垩系及下伏地层的较广泛不整合，从而导致库车拗陷全区缺失上白垩统。晚白垩世—白垩纪末的区域隆升事件［图 1-4（d）］，造成盆地整体抬升剥蚀，形成了古近系与白垩系普遍的不整合，并为古近纪盆地的发育奠定了基础。

3. 古近纪—中新世盆地

古近纪塔里木盆地南部的喀喇昆仑地区为活动大陆边缘，仍表现为残余特提斯海对塔里木板块的俯冲活动。由于残余特提斯海的俯冲和板块南缘的火山活动，在火山（弧）后的塔里木板块内部产生弧后扩张作用，这种板块内部的弧后扩张作用，可能是塔里木盆地古近纪伸展构造环境形成和沉降的重要原因之一。从塔西南到库车均经历了大范围的海侵过程，库车地区可能为一盐湖，盐层厚度最大部位为沉积中心。当时古地理格局为"东、北部高，西部低"。因此，总体上看，库车地区的古近纪盆地属于在弱伸展环境中的拗陷盆地［图 1-4（e）］。

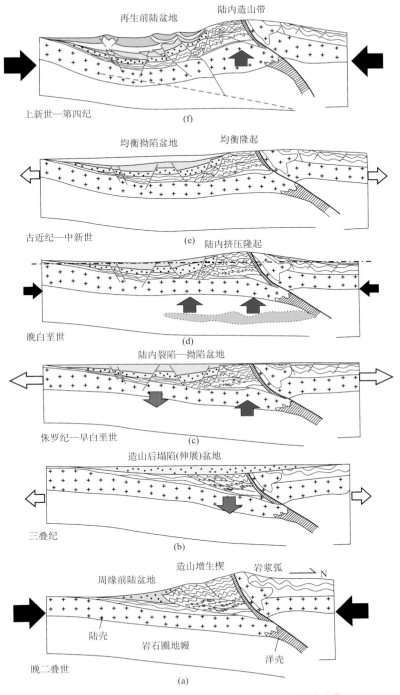

再生前陆盆地　陆内造山带

上新世—第四纪

(f)

均衡拗陷盆地　均衡隆起

古近纪—中新世

(e)　陆内挤压隆起

晚白垩世

(d)

陆内裂陷—拗陷盆地

侏罗纪—早白垩世

(c)

造山后塌陷(伸展)盆地

三叠纪

(b)

造山增生楔　岩浆弧

周缘前陆盆地 N

陆壳　岩石圈地幔　洋壳

晚二叠世

(a)

图 1-4　库车-南天山地区中、新生代构造演化模式①

① 漆家福，李艳友．2012.库车前陆盆地地质结构再认识及大北-克深三维区构造建模（内部报告）．库尔勒：中国石油塔里木油田公司．

库车拗陷在古近纪可能存在两个沉积中心，分别位于克拉苏构造带和却勒-西秋构造带。始新世末印度板块与欧亚板块开始碰撞，库车拗陷由古近纪的 SN 向弱伸展逐渐转换为 SN 向弱挤压。

4. 上新世—第四纪盆地

新近纪末—早更新世印度板块与欧亚板块进入全面碰撞阶段，库车拗陷进入挤压环境下的山前拗陷发展阶段 [图 1-4 (f)]。上新世库车组主要为冲积扇、河流沉积，与下伏康村组为渐变关系、与上覆西域组角度不整合；背斜与向斜处厚度变化大，说明克拉苏、秋里塔格构造带已初具规模。第四纪以来，南天山活动强烈，克拉苏、秋里塔格构造带逐渐形成，并导致背斜核部库车组的剥蚀。库车拗陷构造变形有向南传递的特点，随着各构造带的形成，沉积中心也向南迁移。第四纪库车拗陷进入褶皱、断裂强烈发育时期，同沉积逆冲断层和挤压褶皱构造变形现象明显。卢华复等（1999）根据对新近纪广泛存在的生长地层和生长三角的研究认为，库车拗陷中的褶皱和断层主要是中新世以来形成的，且构造变形具有由北向南逐渐推进的特点。综合上述特征可以认为，库车地区上新世以来的盆地具有类似前陆盆地的特质，它是在印度板块与欧亚板块碰撞的远程挤压作用下南天山发生陆内造山的同构造期沉积。

（二）库车拗陷中、新生代构造变形序列

1. 中、新生代构造变形期次划分

库车拗陷在新近纪以来的近 SN 向构造挤压作用下，构造变形时间由北而南逐渐变新。库车拗陷主要变形时间为中新世晚期至上新世。库车拗陷新生代地层的构造变形是在康村组沉积开始的，强烈变形应该是在库车组、西域组沉积时期，其中克拉苏构造带与却勒-西秋构造带的构造变形时间可能存在差异，具有北早南晚、向南递进演化的特征。但是，在地震剖面上可以看出，古近系库姆格列木盐岩层在苏维依组、吉迪克组沉积时期就发生底辟构造变形，侏罗系、白垩系也发生有同沉积伸展构造变形，并受晚白垩世区域隆升影响。

构造变形首先是受构造应力场控制。依据中、新生代以来库车地区的构造应力场及盆地演化可以将库车拗陷中、新生代构造变形分为同沉积构造变形和盆地充填后构造变形，变形过程可以归纳为如表 1-2 所示的构造变形系列。

1）三叠纪盆地同沉积构造变形 (D1)

漆家福和李艳友[①]认为，三叠纪盆地应该属于造山后的塌陷型伸展盆地。主要理由有两方面：其一是三叠系的分布及沉积中心可能位于南天山增生楔顶部，库车地区只是盆地充基层向南超覆的产物；其二是南天山造山带的挤压变形主要发生在晚二叠世。如果三叠纪盆地属于造山后的塌陷伸展盆地，则同沉积期可能发育有同生正断层。

---

① 漆家福，李艳友 . 2012. 库车前陆盆地地质结构再认识及大北-克深三维区构造建模（内部报告）. 库尔勒：中国石油塔里木分公司 .

2) 三叠纪末期构造变形（D2）

三叠纪末期受印支运动影响库车-南天山在近 SN 向区域挤压背景下发生区域隆升，南天山相对强烈，向南至塔里木盆地内部减弱，并造成三叠系及更老岩层的广泛剥蚀，形成了塔里木盆地北部侏罗系—白垩系与下伏岩层的不整合接触。三叠纪末期隆升为主的地壳运动可能与岩石圈内部的热作用有关，并没有发生显著的区域挤压收缩构造变形。

表 1-2 库车拗陷中生代和新生代构造变形序列

序列	成盆与构造事件	构造应力场	变形特征
D7	上新世—第四纪盆地	NWW—SSE 向挤压，近 SN 向挤压	同生逆断层，同生褶皱，正反转断层，高角度逆冲走滑断层
D6	盆地反转期	近 SN 向挤压	区域不整合面，逆断层，褶皱
D5	古近纪—中新世盆地	近 SN 向弱引张或应力松弛，地壳均衡	伸展拗陷，盐底辟构造
D4	盆地反转期	NNW—SSE 向挤压	区域不整合面
D3	侏罗纪—早白垩世盆地	近 SN 向引张应力环境	同生基底正断层，小型地堑、半地堑等
D2	盆地反转期	近 SN 向挤压应力环境	区域不整合面
D1	三叠纪盆地		可能发育同沉积正断层

3) 侏罗纪—白垩纪盆地同沉积期构造变形（D3）

侏罗纪—白垩纪盆地是印支运动后岩石圈板块冷却引起的应力松弛和地壳均衡背景下形成的，表现出具有裂陷伸展盆地特征。侏罗纪—白垩纪盆地的沉积中心可能位于南天山山前，地层厚度由北向南减薄，至却勒-西秋构造带厚度较薄（侏罗系可能缺失）。侏罗系同沉积期可能发育有正断层，但是并没有形成大型地堑、半地堑构造。可能是在区域拗陷背景上发育同沉积正断层。侏罗系沉积后可能经历过一次短暂的区域隆升和沉积间断，白垩系沉积期区域伸展作用减弱，沉积盆地表现为区域拗陷特征。

4) 晚白垩世构造变形（D4）

库车拗陷晚白垩世发生区域性隆升，形成古近系与下白垩统及更老岩层的不整合接触关系。贾承造等（2003）利用裂变径迹资料对库车拗陷晚白垩世隆升过程进行了研究，认为库车拗陷晚白垩世隆升约发生在 89Ma 前，平均隆升速率为 3718～4513m/Ma，主要局限在库车拗陷内部，并没有影响到天山造山带。漆家福和李艳友[①]认为，白垩纪末期的区域隆升可能主要是岩石圈热活动的结果，没有造成明显的区域收缩构造变形和导致侏罗纪—白垩纪盆地同沉积伸展构造发生强烈挤压收缩变形。

5) 古近纪—中新世盆地同沉积期构造变形（D5）

库车拗陷古近系—中新统的库姆格列木群、苏维依组、吉迪克组、康村组基本上是

---

① 漆家福，李艳友.2012.库车前陆盆地地质结构再认识及大北-克深三维区构造建模（内部报告）.库尔勒：中国石油塔里木油田公司.

连续沉积，是在地壳均衡（弱伸展）或稳定构造环境下发育的沉积盆地。库姆格列木群含有厚层的膏盐岩层，在上覆沉积层差异压实过程中表现出流动变形和底辟作用。苏维依组和吉迪克组厚度稳定，但由于盐底辟的影响造成了局部地层厚薄变化。

6）中新世末构造变形（D6）

新近纪以来印度板块与欧亚板块开始发生碰撞，其挤压应力通过坚硬的岩石圈板块逐渐向北传递。中新世末受区域挤压作用影响，南天山急剧隆升并发生收缩变形。中新世末的构造变形以山前地区的逆冲断层活动及其相关褶皱变形为主，在库车拗陷主要表现为不均匀的挤压隆升、翘倾。在康村组沉积后，库车拗陷北部山前地区可能存在短暂沉积间断，而却勒-西秋构造带康村组与库车组基本上是连续沉积，反映流变性相对较大的南天山造山带对印度板块与欧亚板块碰撞产生的区域挤压作用有明显的响应。

7）上新世—第四纪盆地同沉积构造变形（D7）

上新世—第四纪盆地是在区域挤压作用下发育的再生前陆盆地，充填的库车组、西域组发育有大量的同沉积逆冲断层、同沉积褶皱。近 SN 向挤压作用使库车拗陷的盐下层、盐岩层和盐上层同时发生复杂的收缩构造变形。盐下层形成多条逆冲断层，部分断层可能是利用早期正断层发生反转的结果。盐上层总体表现为以盐岩层为滑脱层的褶皱构造变形，其中同沉积背斜相对紧闭，并发育破冲断层，向斜相对宽缓，成为盆地沉降-沉积中心。盐岩层在盐上层、盐下层的不协调构造变形中起滑脱层作用，在盐下层的基底逆冲断层下盘、盐上层的背斜核部加厚。

2. 上新世以来的递进变形过程

库车拗陷中、新生代地层的收缩构造变形主要是在上新世以来发生的，是印度板块与欧亚板块碰撞过程在库车拗陷的响应。卢华复等（1999）和刘志宏等（2000）根据新生界的生长地层、生长三角，认为克拉苏构造带变形时间为康村组—库车组沉积时期（16.9～5.3Ma），拜城盆地中的大宛其背斜形成于库车组沉积时期（3.6Ma 或 3.9Ma），却勒-西秋构造带变形时间为库车组至西域组（5.3～1.8Ma）。杨树锋等（2003）利用磷灰石裂变径迹技术研究了南天山的隆升，认为南天山在中新世（25～17Ma）开始发生快速隆升，隆升速率为 138.8～198.8m/Ma。

印度板块与欧亚板块碰撞的挤压应力通过"刚性"的陆块向北传递，在岩石圈薄弱的部位首先表现出挤压变形。南天山增生楔是不同陆块的拼贴部位，也是岩石圈相对软弱的部位，在中新世开始收缩变形而隆起形成新天山，挤压作用在中新世晚期开始向库车拗陷传递，并总体上表现出由北向南发育收缩构造变形的递进变形特征。克拉苏构造带由于靠近南天山受其变形影响，加上发育一些中生界的基底断层，构造变形时间相对早；却勒-西秋构造带也处于基底相对软弱的部位，随着挤压应力的增强开始发生收缩变形。

由于厚层膏盐岩层的存在，不同层次的构造变形明显不同。盐上层总体以发育褶皱为主导的收缩变形为特征，在局部早期盐刺穿的部位则发育逆冲断层为主导的收缩变形。盐下层发育以断层为主导的收缩变形，克拉苏构造带盐下层相对软弱，构造变形强烈，却勒-西秋构造带盐下层构造变形弱。盐岩层在早期底辟的基础上进一步活动，这一时期是盐岩层底辟构造发育的第二阶段。该阶段盐岩层的底辟主要是由构造挤压引起的，另外库车组和西域组不均匀的沉积引起的差异负荷也起到了重要作用。

三、库车拗陷构造分带、分段特征

库车拗陷（库车前陆盆地）由北部前陆拗陷褶皱-逆冲断层带和南部斜坡（塔北隆起北部）正断层切割的断块构造带及其之间的构造单元组成。库车拗陷褶皱-逆冲断层带基本构造特征总体上表现为南北分带、东西分段和上下分层的特点（图 1-1、图 1-5、图 1-6）。

（一）南北分带特征

库车前陆盆地起因于南天山向塔里木盆地的逆冲作用，在库车前陆盆地北部形成一系列向盆地方向逆冲的断层及相关褶皱。自南天山构造带向塔北隆起方向，构造带呈排呈带分布。二级构造单元包括北部单斜带、克拉苏构造带、吐格尔明-依奇克里克构造带、拜城凹陷、秋里塔格构造带、阳霞凹陷和南缘斜坡带。这些构造带均以断裂为界或与断裂伴生（图 1-1）。

北部单斜带包括北部边缘冲断层和斯的克背斜带，此带北部是库车前陆盆地褶皱-逆冲断层带的北部边界，由南天山古生代浅变质岩层系向南逆冲到库车拗陷中新生代地层之上。

克拉苏构造带东西长约 200km。东段地表由南北两排背斜组成，北带自东而西为坎亚肯背斜、巴什基奇克背斜、库姆格列木背斜，南带自东而西为吉迪克背斜、喀桑托开背斜，背斜核部由白垩系及古近系构成。克拉苏背斜发育在由中生界构成的双重构造中，有多重白垩系及侏罗系构成的背斜，常与古近系膏盐层中发育的被动顶板逆冲断层相伴。

吐格尔明-依奇克里克构造带长约 120km，由吐格尔明、吐孜洛克和依奇克里克三个大背斜组成。

秋里塔格构造带长约 320km，可分为东、中、西三段。东段主体东秋里塔格背斜，长达约 66km，向东倾伏消失。中段构造呈 NEE 走向，其东部主体由库车塔吾背斜组成，西部由南北秋里塔格背斜组成。西段构造走向由近 EW 向转为 NWW 向，由北带的亚克里克等背斜和南带的米斯坎塔格等背斜组成。

拜城凹陷位于克拉苏构造带之南，阳霞凹陷位于东秋里塔格构造带的南侧，它们代表的主要是新生代的凹陷。

（二）东西分段特征

库车前陆盆地褶皱-逆冲断层带在 E 向构造走向上具有分段性，大致以库车河及卡普沙良河为界分段（图 1-5）。

东段吐格尔明-依奇克里克构造带走向为 EW 向，滑脱层主要是中—下侏罗统煤层。东段吐格尔明背斜核部三叠系不整合叠覆于古生界基底之上，古近系苏维依组与下伏下白垩统呈不整合接触，反映东段变形早。中段克拉苏构造带走向主要为 NE 向，巴

012

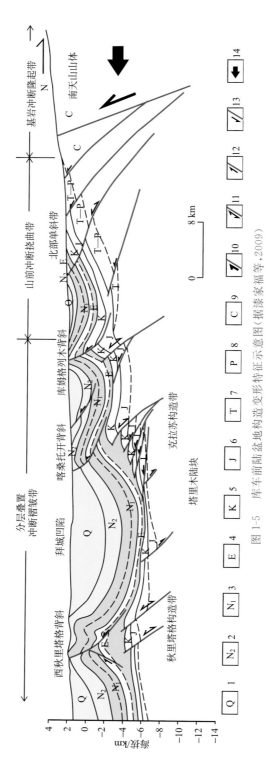

图 1-5 库车前陆盆地构造变形特征示意图（据漆家福等，2009）

1. 第四系；2. 上新统；3. 中新统；4. 古近系；5. 白垩系；6. 侏罗系；7. 三叠系；8. 二叠系；9. 石炭系；10. 天山与山前陆块的结合带及天山隆升诱导的剪切作用；11. 正反转断层（反转的正断层）；12. 逆冲断层；13. 正断层；14. 天山对山前陆块的挤压作用

什基奇克背斜表现为断背斜构造，向西转化为单斜，向东与依奇克里克背斜相连，中段滑脱层主要是古近系膏盐层，变形强度大于东段。东、中段变形时代存在差异。

西段乌什凹陷构造及沉积相分布复杂，由于存在温宿凸起使沉积范围相对狭小，相对的滑脱层规模较小，滑脱距离也不大，但构造及地层分布复杂。

造山带地层地质体分布也显示明显的分段性，库车拗陷北缘造山带出露的地层不同。根据层位组合可分为三段：东段以泥盆系—石炭系为主，中段以志留系为主，西段以泥盆系—石炭系为主。元古界主要出现在库车拗陷与乌什拗陷之间的造山带位置。

（三）上下分层特征

库车前陆盆地中新生界自上而下发育新近系吉迪克组膏泥岩、泥岩，古近系膏岩、膏泥岩和泥岩，白垩系粗粒碎屑岩，侏罗系泥、页岩及煤层，三叠系泥页岩。中生界底部与下伏古生界、前古生界之间呈不整合接触。每套滑脱层上、下构造变形特征差异较大，表现出构造样式的上、下分层性（图1-6）。

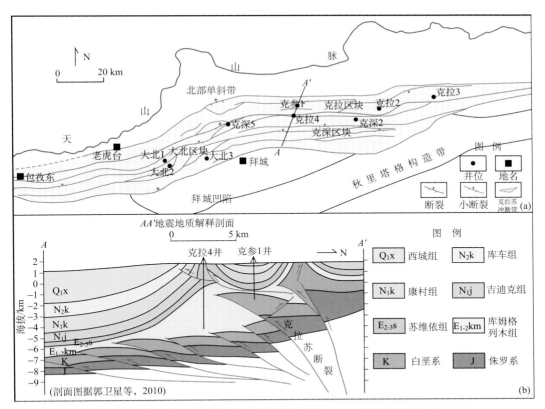

图 1-6　库车拗陷克拉苏构造带断裂分布图（a）及构造剖面图（b）

第二节　地层充填序列和分布特征

库车拗陷是一个以中、新生界沉积为主的陆源碎屑沉积盆地，沉积物厚度达8000m以上，充填地层厚度较大。从上到下发育有第四系、新近系、古近系、白垩系、侏罗系、三叠系、二叠系。其中三叠系的湖相泥岩及侏罗系煤系地层为库车拗陷主力生油层系（赵靖舟和戴金星，2002；范明等，2009）。在区域上，库车拗陷古近系与中生界、第四系与新近系均呈角度不整合接触。中生界具有北厚南薄的特点，新生界具有由北向南沉积加厚的特点。

一、白垩系岩性特征及充填序列

库车拗陷白垩系主要发育下白垩统，上白垩统基本被剥蚀。下白垩统总体上呈平行不整合、局部角度不整合于侏罗系之上，最大厚度超过3450m（克参1井，可能存在舒善河组的地层重复），自下而上可分为亚格列木组、舒善河组、巴西盖组、巴什基奇克组，前三组统称为卡普沙良群（表1-3）。

表 1-3　库车拗陷白垩系岩石地层综合表

地 层				岩性特征
系	统	组	段	
古近系	始新统	库姆格列木群（E$_{1-2}$k）	泥岩段	上部为中厚-巨厚层状深-浅褐色泥岩，含膏泥岩为主，夹灰白色细砂岩；中下部以褐色、浅褐色泥岩、膏质泥岩及灰白色泥膏岩、白色膏岩为主，夹褐色粉砂岩、灰褐色泥晶白云岩；底部未浅灰色含砾细砂岩、褐色泥质粉砂岩
			膏盐岩段	
	古新统		白云岩段	
			膏泥岩段	
			砂砾岩段	
白垩系	下统	巴什基奇克组（K$_1$bs）	第一段	薄-中厚层状红褐色、褐色中砂岩、细砂岩为主夹薄层红褐色-褐色泥岩、泥质粉砂岩，底部发育含砾砂岩、砂砾岩
			第二段	
			第三段	
		卡普沙良群	巴西盖组（K$_1$b）	顶部为一套区域性中厚-巨厚层状褐色泥岩夹泥质粉砂岩、中-下部以灰褐色粉砂岩、细砂岩为主、夹砾岩及薄层泥质粉砂岩、泥岩
			舒善河组（K$_1$s）	中厚-巨厚层状褐色泥岩、粉砂质泥岩夹薄层褐色、褐灰色泥质粉砂岩、粉砂岩
			亚格列木组（K$_1$y）	下部为浅紫灰色厚层状砾岩，上部为砂岩、砾状砂岩夹泥岩

（一）卡普沙良群

卡普沙良群下部以紫红色砾岩和砂岩为主；中部为灰绿、黄绿、紫红色等杂色粉砂岩、泥岩为主夹褐黄色砂岩；上部以棕红、紫红色粉砂岩和泥岩为主，夹黄绿色砂、泥岩条带。这三个部分分别对应亚格列木组、舒善河组和巴西盖组。但在塔北或乌什凹陷有时因厚度较小及岩性极为相似，三分性不明显而很难细分到组。卡普沙良群总厚度为250～1300m。从沉积特征上看，本群下部属于洪积扇、河床或三角洲沉积，中上部以滨浅湖沉积为主，夹有河流沉积，生物化石表明均为浅水湖泊沉积环境。

1. 亚格列木组（K_1y）

亚格列木组大量出露于库车拗陷北单斜带及直线背斜带，在覆盖区，仅库车拗陷东部克拉苏构造带（库北1井）、依奇克里克、吐格尔明地区钻遇亚格列木组。

亚格列木组主要岩性下部为浅紫灰色厚层状砾岩，上部为灰紫、灰色钙质细砂岩、砾状砂岩、粉砂岩夹泥岩。在库车拗陷露头区，该组表现为砾岩坚硬、地貌陡峭，似城墙状，故有城墙砾岩之称，厚 2～243m。含孢粉 *Classopollis-Cicatricosisporites-Schizaeoisporites* 组合。该组底界为灰紫色块状砾岩，与下伏侏罗系喀拉扎组褐红色砂砾岩呈假整合或不整合接触。

2. 舒善河组（K_1s）

舒善河组出露于库车拗陷北单斜带、直线背斜带，克拉苏构造带；在依奇克里克、吐格尔明、吐孜洛克地区，部分钻井钻遇舒善河组。

舒善河组以红色、杂色泥岩和粉砂质泥岩为主，钻遇厚140～3060m（3060m为克参1井的舒善河组厚度，可能存在地层重复）。卡普沙良河露头发育舒善河组，厚约1100m，与下伏砾岩界线明显。向西至阿瓦特河一带颜色变暗，灰绿色条带变少，向东至库车河一带厚度减薄，灰绿色条带不明显。在东部依奇克里克、吐格尔明地区，舒善河组被剥蚀减薄并与下伏亚格列木组整合接触。

3. 巴西盖组（K_1b）

巴西盖组主要分布于库车拗陷中西部露头及钻井剖面，库车拗陷东部缺失。主要岩性为灰黄色、褐红色厚层块状粉、细砂岩夹同色含泥质粉砂岩、泥岩。为一套湖泊三角洲-滨浅湖沉积。在阿瓦特河剖面巴西盖组最厚，为490m，其他露头剖面，巴西盖组厚为94～261m，向东至依南2井和吐格尔明剖面缺失。

（二）巴什基奇克组（K_1bs）

巴什基奇克组主要分布于库车拗陷中西部，库车拗陷东部山前缺失。巴什基奇克组下部岩性主要为紫灰色厚层状砾岩，上部为棕红色厚层状-块状中、细粒砂岩夹同色含砾砂岩、泥质粉砂岩、泥岩。钻井剖面以克拉2井最为典型，巴什基奇克组厚为401.5m，并可划分出三个岩性段（贾进华等，2001；顾家裕等，2001；韩登林等，2009），上部第一段以褐色中细砂岩为主，泥岩夹层薄而少；第二段以褐色中细砂岩夹薄层泥岩为主，出现自然伽马值大于120API、相对较纯的薄层泥岩；下部第三段岩性变粗，为砂砾岩，岩石物性变差，泥岩夹层变厚。三个岩性段特征明显，向东向西减薄。与下伏巴西盖组呈假整合接触，与上覆古近系呈假整合或角度不整合接触。

克拉 1 井巴什基奇克组含孢粉 *Cicatricosisporites-Lygodiumsporites-Classopollis* 组合。克拉 201 井产介形类 *Cypridea (Ulwellia) koskulensis*，*C. unicostata*，*C. sp.*，轮藻 *Aclistochara* cf. *huihuibaoensis*，*Mesochara producta*。再向东至依奇克里克和吐格尔明剖面白垩系剥蚀减薄，巴什基奇克组剥蚀殆尽，依南 2 井等井缺失巴什基奇克组。

从克拉苏河向西至吐北 2 井、吐北 1 井、大北 1 井，巴什基奇克组厚度减薄、粒度逐渐变细，砂、砾含量减少。吐北 2 井巴什基奇克组下部为浅褐色细砂岩、粉砂岩，上部主要为红褐色泥岩、浅褐色粉砂质泥岩，顶部为灰色、杂色、褐色细砾岩、砂砾岩，产介形类 *Cypridea vitimensis*，*Rhinocypris forveata*，轮藻 *Aclistochara* sp.，*Mesochara* sp.，*Peckisphaera* cf. *verticillata*。吐北 1 井巴什基奇克组钻遇井段 4258.5～4428m，厚 169.5m，下部主要岩性为棕褐色砂砾岩、含砾细砂岩、细砂岩为主夹泥岩；上部为棕褐色粉砂岩、泥岩，总体上呈正旋回。大北 1 井巴什基奇克组钻遇井段 5570～5696m，厚 126m，下部主要岩性为灰褐色、褐色粉砂岩夹泥质粉砂岩、泥岩；中部为褐红色泥岩、粉砂质泥岩夹泥质粉砂岩、粉砂岩；上部为灰色、褐色细砂岩夹泥质粉砂岩。大北 1 井巴什基奇克组下部高伽马、中电阻块状砂岩与吐北 1 井下部高伽马、中电阻块状砂岩可对比。南部的大北 2 井巴什基奇克组可能未钻穿，钻遇井段 5569～5831.11m，钻揭厚度 262.11m，下部为褐灰色、灰褐色、灰色细砂岩、含砾细砂岩夹棕褐色粉砂质泥岩；中上部为棕褐色粉砂岩、粉砂质泥岩、泥岩为主夹细砂岩，整体具有"上下粗中部细"的旋回特征。

巴什基奇克组为库车拗陷克拉苏构造带最为重要的主力产层，本书以巴什基奇克组碎屑岩储层为研究对象，开展库车拗陷深埋碎屑岩储层成因机制及发育模式研究。

二、白垩系层序地层格架

根据库车拗陷白垩系露头、钻测井、地震资料及前人研究层序地层学研究成果（贾进华和薛良清，2002；肖建新等，2002；梅冥相等，2004），可将库车拗陷下白垩统巴什基奇克组划分为一个三级层序（表 1-4），对应早期低位体系域扇三角洲沉积、中晚期湖侵体系域和高位体系域辫状河三角洲沉积（图 1-7）。

库车拗陷白垩系层序发育直接受盆地周缘构造运动、沉积物供给及湖平面变化等因素的综合控制，其中构造作用是最为重要的控制因素。层序界面主要表现为构造运动产生的不整合面和沉积间断面。

（一）巴什基奇克组和巴西盖组间沉积结构转换面

库车拗陷白垩系巴什基奇克组与下伏巴西盖组表现为一沉积结构转换面。该界面在整个塔里木盆地都具有一定的可对比性，对应 T8-1 地震反射标志层。

表 1-4　库车拗陷下白垩统层序地层划分方案

地层		层序														
统	组	贾进华和薛良清(2002)				梅冥相等(2004)				肖建新等(2002)			本书方案			
		一级	二级	三级	体系域	一级	二级	三级	体系域	一级	二级	三级	一级	二级	三级	体系域
下白垩统	巴什基奇克组	TS1	SS2	SQ2	HST TST LST	TS1	SS1	SQ5	湖退 湖泛 湖侵	TS1	SS3	SQ8	TS1	SS2	SQ2	HST TST LST
	巴西盖组				HST			SQ4				SQ7				
	舒善河组		SS1	SQ1	TST			SQ3			SS2	SQ6		SS1	SQ1	
												SQ5				
												SQ4				
								SQ2			SS1	SQ3				
												SQ2				
	亚格列木组				LST			SQ1				SQ1				

这个界面的特征和主要识别标志为：①界面上、下沉积体系结构发生明显变化，界面之上为巴什基奇克组冲积扇-扇三角洲体系的砾岩和中细砂岩，界面之下巴西盖组为湖相泥岩或曲流河三角洲前缘亚相的水下分支河道砂岩；②界面为岩性突变面，界面之上巴什基奇克组岩性较粗，成分和结构成熟度明显降低，石英含量明显减小；③界面上、下电性特征差异明显。界面之上巴什基奇克组自然伽马为高值，界面之下巴西盖组为低值箱状；④地震上表现出上超和削截现象，对应于 T8-1 地震反射面。

（二）古近系和白垩系间的削蚀不整合面

该界面为一区域性削蚀不整合面，地震剖面上对应 T8 地震反射标志层，与下伏地震波组呈低角度削截关系。其特征和主要识别标志为：①该界面在盆地周缘表现为较大的角度不整合，是燕山晚期运动造成的结果，不整合面遍布全区，有的地区为平行不整合面；②界面为岩性和岩相突变面，界面之下为巴什基奇克组粗碎屑的辫状河三角洲前缘褐红色厚层状中砾岩，界面之上为受海侵影响的潟湖-扇三角洲沉积，岩石的成分成熟度和结构成熟度明显降低，石英含量明显降低；③界面之上古近系自然伽马测井值明显增加，如在克拉 2 井能谱伽马测井曲线上，界面之上铀含量增加；④地震上对应 T8 反射界面，表现为削蚀关系。

大量岩心资料也反映了层序界面特征。例如，在克拉 3 井 3824.4m 处，泥岩中可见硬石膏结核及泥岩碎屑所表现的冲刷作用。在岩心素描序列图上，层序界面及体系域界面多为冲刷不整合接触关系（图 1-7，图 1-8，岩心素描图图例同图 1-7）。

克拉苏构造带白垩系巴什基奇克组为一套陆相红色碎屑岩沉积建造。巴什基奇克组与上覆古近系库姆格列木组呈假整合接触，与下伏白垩系巴西盖组呈整合接触。巴什基奇克组岩性主要为辫状河三角洲水下分流河道砂岩和分流间湾泥岩、粉砂岩-粉砂质泥岩夹薄层砂岩及扇三角洲前缘河道砂砾岩等，垂向上总体构成向上变细的三个岩性段。巴什基奇克组的岩性特征为：上部第一岩性段以砂岩、砂质砾岩为主，中部第二岩性段以砂岩为主，下部第三岩性段主要为砾岩、砂砾岩。三级层序界面为其顶底面，均可见

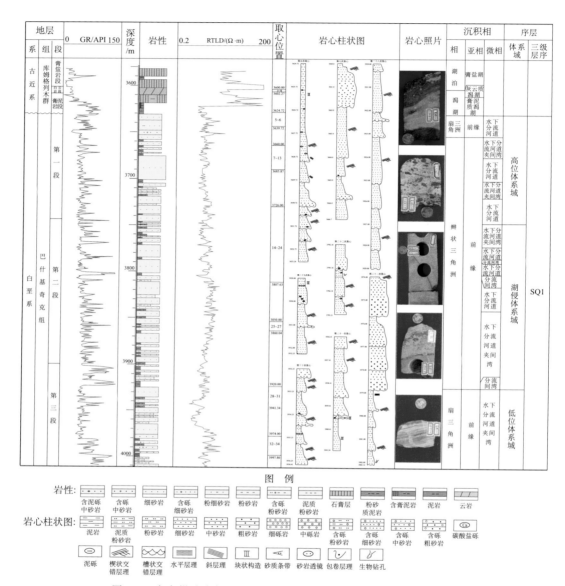

图 1-7 库车拗陷克拉 201 井白垩系巴什基奇克组沉积层序综合图

较明显的不整合界面或冲刷面，层序中部湖侵沉积期，可见暗色泥岩或粉砂质泥岩。其中第二段为克拉苏构造带主力产层。

构成区内重要储层的巴什基奇克组辫状河三角洲沉积主要形成于湖侵时期和高位晚期，其发育与晚期缓慢的构造沉降背景、相对平坦的前陆斜坡及河道的侧向迁移叠置等有关。

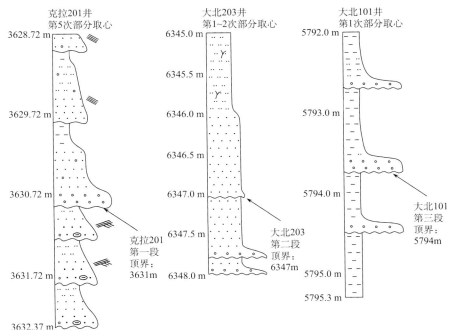

图 1-8 库车拗陷巴什基奇克组层序界面岩心响应特征

三、白垩系分布及沉积中心迁移

库车拗陷白垩系现今东西分布差别较大，东部无论露头剖面还是钻井剖面均显示在白垩系沉积后由于构造隆起剥蚀而缺失巴什基奇克组和巴西盖组，舒善河组也发育不全。向西到库车河剖面，下白垩统四个组基本存在，残余地层逐渐增厚（图 1-9）。

库车拗陷白垩系沉积之后曾经遭到较大程度剥蚀，现今的钻井地层厚度基本为残余厚度，并且大多数钻井未钻穿白垩系。但据残余厚度基本可推测白垩系沉积沉降中心位于吐北 1 井—克参 1 井—克拉 2 井—克拉 3 井—克孜 1 井一线，向北、向南和向东地层均呈减薄趋势（图 1-9），残余厚度高值区明显受沉积供源影响，沉积厚度较大的地区主要分布在古卡普沙良河、古克拉苏河、古库车河等地区，向西地层遭受剥蚀，残余厚度较小。向南越过塔北隆起北缘后白垩系厚度又呈稳定增厚的趋势，最大厚度增加到 700m 以上，显示在早白垩世沉积末期，库车拗陷已开始趋于消失，沉积沉降中心转移至满加尔拗陷地区，库车拗陷已成为盆地边缘地区。

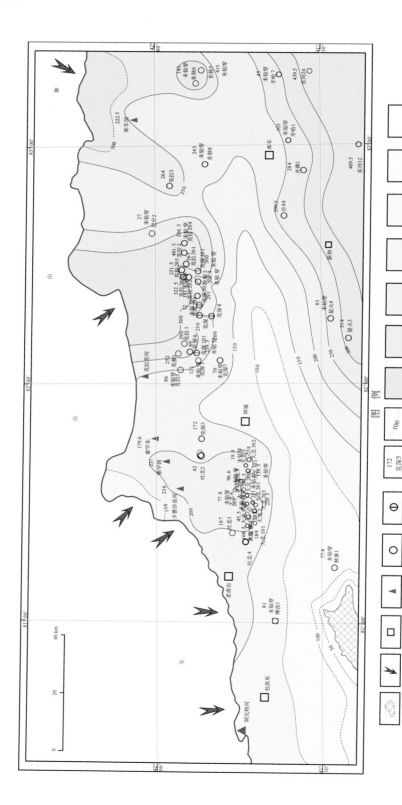

图 1-9　库车拗陷克拉苏构造带巴什基奇克组残余厚度图

第二章 巴什基奇克组沉积特征及演化

第一节　沉积物源背景分析

中生代库车拗陷处于构造活动期，白垩纪天山开始新一轮的构造挤压隆升，物源岩石类型复杂。

库车拗陷白垩系沉积时期存在有三大沉积物源体系，分别为北部天山物源供应体系、西部温宿凸起物源供应体系和东、东南缘隆起区的物源供应体系。库车拗陷克拉苏构造带巴什基奇克组沉积时期，岩石类型、岩屑组合、砾岩含量及分布特征，反映了北部古卡普沙良河、古克拉苏河和古库车河为研究区主要物源（图 1-9、图 2-1）。

前人通过野外剖面、单井倾角测井等资料，对库车拗陷白垩系巴什基奇克组的古水流方向进行了研究，如库车河剖面、克拉苏河剖面砂岩交错层理及砾石最大扁平面的测量表明，巴什基奇克组主体水流方向为自北向南[①]；李忠等（2004）等通过天山南麓库车拗陷不同剖面的砾岩碎屑、砂岩骨架颗粒、碎屑重矿物组分等特征的分析，表明（古）天山的构造活动与造山运动控制了库车拗陷物源区特征，白垩纪物源岩石类型复杂，物源组成东西分异明显。西部物源构造属性趋向于"碰撞造山和褶皱冲断带"，而东部物源构造属性复杂或以"混合造山带"类型为特征，整体北部天山供源特征明显。这些结论均表明北部天山物源区为白垩系巴什基奇克组沉积的重要来源。同时，根据巴什基奇克组储层岩石类型等资料分析，认为北部天山物源区母岩类型主要为前石炭系变质岩、结晶基底、上石炭统及未变质沉积岩等。

库车拗陷白垩纪残留地层厚度图表明（图 1-9），白垩纪残留厚度分布中心主要位于东部、东南部，西南部白垩纪残留厚度也相对较小，表明白垩系沉积时，该地区可能为一古隆起剥蚀区。地震剖面及钻井资料揭示，巴什基奇克组后期剥蚀显著。

库车拗陷白垩系巴什基奇克组的砂砾岩厚度分布表明（图 2-2、图 2-3），砾岩主要分布于盆地北部山前，在东西方向略显厚薄交替变化趋势。在东西方向上砾岩成分存在较大差别，因而认为北部天山物源供应体系存在有多个物源供应区。克拉苏构造带主要由北部三条古河流供源，即古库车河、古克拉苏河及古卡普沙良河。其中古库车河及古克拉苏河物源区重矿物组合的一个显著特点为磁铁矿含量高，普遍含磷灰石、金红石，岩屑成分上以变质岩岩屑为主，其主要控制了克拉-克深区块巴什基奇克组扇三角洲和

---

① 张柏桥，胡涛，舒志国，等.2000.塔里木盆地库车拗陷克拉苏构造带白垩系巴什基奇克组沉积相研究（内部报告）.库尔勒：中国石油塔里木石油勘探指挥部.

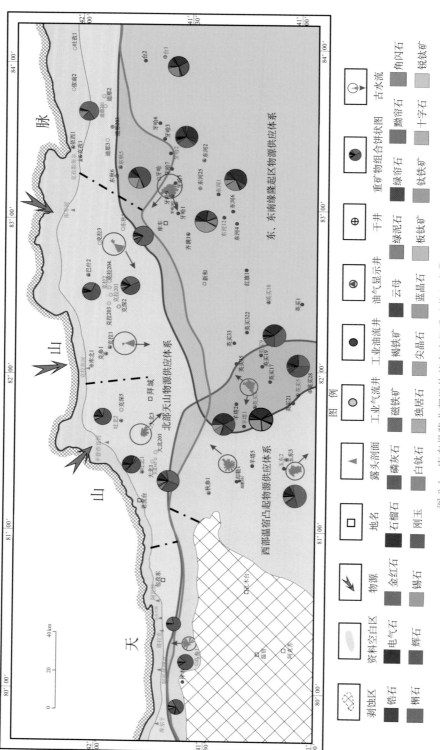

图 2-1 库车拗陷北部巴什基奇克组重矿物组合①

① 张惠良·张荣虎·陈戈·2009·库车-塔北地区白垩系-古近系沉积储层深化研究(内部报告)·库尔勒:中国石油塔里木公司。

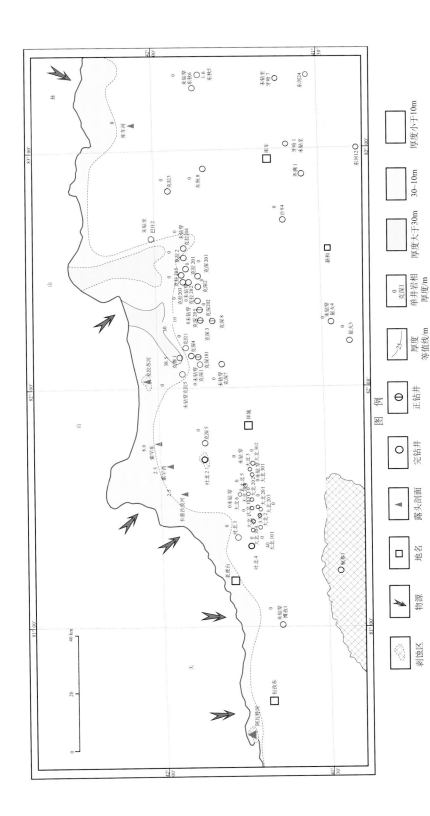

图 2-2 库车拗陷克拉苏构造带巴什基奇克组第二段砂岩厚度等值线图

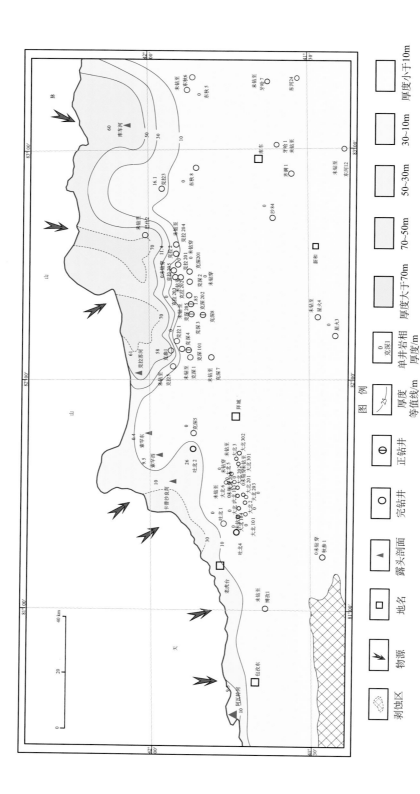

图 2-3 库车拗陷克拉苏构造带巴什基奇克组第三段砂砾岩厚度等值线图

辫状河三角洲沉积；古卡普沙良河物源区的重矿物组合特征为磁铁矿含量中等，石榴子石、绿泥石含量高，通常含磷灰石、绿帘石等，岩屑成分主要为变质岩和岩浆岩，且变质岩总量明显高于岩浆岩。该物源体系主要影响了吐北、大北区块巴什基奇克组扇三角洲和辫状河三角洲沉积。

晚侏罗世—白垩纪，北部天山的构造挤压隆升，使研究区物源岩石类型较为复杂（李忠等，2004）。库车拗陷克拉苏构造带白垩系巴什基奇克组不同层段岩屑类型含量统计表明，垂向上，同一地区巴什基奇克组沉积时砂岩碎屑分布具有继承性，即物源供源较为稳定。巴什基奇克组第三段至巴什基奇克组第二段（大北区块巴什基奇克组第一段被剥蚀殆尽），石英含量变化不大，长石含量稍有增加，岩屑含量稍有降低（表 2-1），成分成熟度变好，表明沉积物搬运距离有所增加。比较克拉、克深和大北三个区块岩石组成，发现克拉区块砂岩组分中长石含量低，岩屑含量高，表明克拉区块离北部天山物源区最近。就研究区砂岩岩屑类型分布来看，变质岩岩屑含量较高（9.49%～25.08%），以片岩、千枚岩、石英岩为主；其次为火山岩岩屑（6.32%～12.48%），以花岗岩为主；沉积岩岩屑含量较少（2.92%～13.42%），以泥岩及砂岩岩屑为主。另外，巴什基奇克组地层厚度、砂岩厚度及砂地比变化趋势等一系列证据均表明北部天山为其主要物源。

表 2-1 库车拗陷克拉苏构造带巴什基奇克组各段各区砂岩碎屑含量表

地层		地区	样品数	碎屑平均含量/%			岩屑平均含量/%		
				石英	长石	岩屑	变质岩	沉积岩	火山岩
巴什基奇克组	第一段	克拉区	359	46.85	12.05	41.1	18.89	13.42	8.79
		克深区	42	46.60	31.09	22.31	11.74	2.92	7.65
	第二段	大北区	322	53.32	23.39	23.29	11.19	4.32	7.78
		克拉区	410	47.42	16.41	36.17	18.13	9.64	8.40
	第三段	克深区	120	49.39	31.60	19.01	9.49	3.20	6.32
		大北区	109	55.74	16.71	27.55	12.36	5.42	9.77
		克拉区	106	49.19	9.90	40.91	25.08	8.20	7.63
		克深区	28	49.05	24.57	26.38	10.30	3.60	12.48

025

第二节 沉积类型及特征

对于巴什基奇克组储层沉积成因存在多种观点。大部分研究人员认为巴什基奇克组上部第一、二段为辫状河三角洲沉积，下部第三段为扇三角洲沉积（贾进华等，2001；顾家裕等，2001；张荣虎等，2008a；刘春等，2009）。梅冥相等（2004）通过库车北部库车河露头剖面的观察，认为下白垩统干旱红层中的"高能细砂岩"和"高能粉砂岩"属"风成砂岩"，库车拗陷白垩系整体沉积面貌为沙漠沉积体系；朱如凯等（2007）认为白垩系沉积环境为终端扇体系（正常条件下水系由于内在因素全部消失而没有水流通过表面流进入湖泊或海洋的河成分流体系），其沉积时没有稳定的水体，大部分为陆上地表暴露环境的产物。针对上述研究现状，本书基于克拉苏构造带上30余口钻井（含14口岩心井）的岩心、钻测井、室内化验分析资料，结合区域地质背景，认为克拉苏构造带白垩系巴什基奇克组上部第一、二段具有典型辫状河三角洲沉积特征，下部第三段具有扇三角洲沉积特征。巴什基奇克组下部第三段主要为扇三角洲前缘沉积，发育水下分流河道及分流间湾沉积。中上部第二段、第一段主要为辫状河三角洲前缘沉积，发育水下分流河道、分流间湾及河口坝沉积等微相。

一、扇三角洲沉积

（一）扇三角洲沉积特征

扇三角洲的概念最初是Holmes于1965年对英格兰西海岸的现代三角洲进行研究后明确提出，其定义为"从临近高地直接进入稳定水体的冲积扇"，属于陡地形、近物源背景下的快速沉积的粗碎屑沉积物。

扇三角洲的沉积特点是突发性、瞬时的灾变事件产生的重力流沉积（以碎屑流为主）与间灾变期正常沉积交替进行的。由陆上和水下两部分组成，其陆上部分由扇三角洲平原的冲积扇和辫状平原构成，其岩性纵横向变化大，延伸不远。扇三角洲水下部分可发育水下分流河道、河口坝、远砂坝等砂砾岩、砂岩、粉砂岩沉积。库车拗陷克拉苏构造带扇三角洲主要发育于白垩系巴什基奇克组第三段。沉积物粒度较粗，主要沉积了细砾岩、中砾岩、含砾砂岩（图2-4）。砾岩多由红褐色单成分泥砾组成，与沉积体系中泥岩的颜色、成分均一致，以杂基支撑为主，也可见复成分砾岩，发育多种交错层理和间断正韵律，同时可见生物扰动构造。

巴什基奇克组第三段岩石类型分析表明，克拉区块以岩屑砂岩为主，克深区块以长石质岩屑砂岩为主，大北区块以长石质岩屑砂岩为主（图2-5）。整体上，岩屑含量较高，砂岩成分成熟度低，分选中等，磨圆为次棱角状、次棱角状-次圆状，结构成熟度也偏低。巴什基奇克组第三段岩样的粒度概率累计曲线主要为两段式，其粒度明显偏粗，跳跃总体发育，其含量在90%以上，分选中等偏差，对应于块状层理砂岩（图2-6）。

（二）扇三角洲亚微相沉积特征

1. 扇三角洲平原亚相沉积特征

扇三角洲是由冲积扇直接入湖快速沉积形成的，研究区冲积扇主要发育于北部山前，而扇三角洲平原亚相主要分布于北部单斜带，相带展布较窄。扇三角洲平原亚相主要由泥石流、砾质辫状河道、砾质坝等成因的砾岩和砂砾岩沉积组成，夹短暂的辫状河道砂岩和漫流沉积的泥岩，其中泥石流和砾质辫状河道微相的沉积特征是其重要特征。

扇三角洲平原主体沉积微相为平原分流河道微相，岩性以砾岩为主，砾岩分选差，磨圆度中等。砂砾岩底部为侵蚀冲刷面，砾石呈叠瓦状排列，主要发育正粒序层理、板

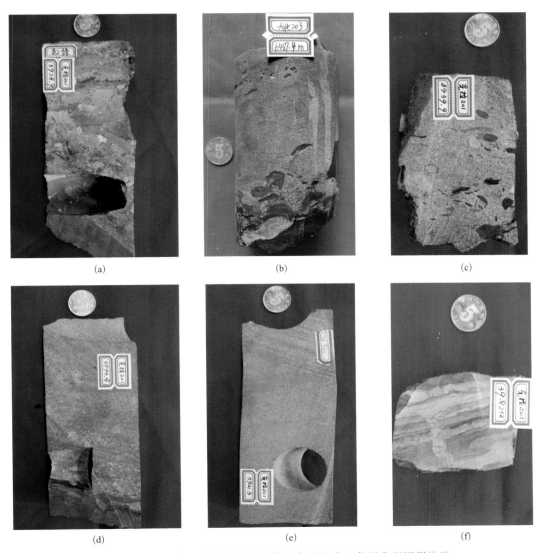

图 2-4　库车拗陷克拉苏构造带巴什基奇克组扇三角洲典型沉积构造

（a）克拉 201 井，3978.9m，复成分细砾岩；（b）大北 203 井，6487.4m，红褐色细砂岩-红褐色细砾岩；
（c）克拉 201 井，3939.9m，泥砾质中粗砂岩；（d）克拉 201 井，3993.4m，含砾细砂岩-细砾岩冲刷下伏泥
岩；（e）克拉 201 井，3921.3m，中型楔状交错层理细砂岩；（f）克拉 201 井，3982.12m，红棕色泥岩及灰白
色粉砂岩，波状层理及生物扰动

状交错层理、楔状交错层理。垂向上，表现为多期砾质河道沉积叠置而成。自下而上为
多个由粗至细的正韵律旋回组成，自然伽马曲线呈钟形或箱形。平原河道之间的漫流沉
积微相岩石类型为薄-中厚层状的含砾砂岩、砂岩、泥质粉砂岩等，层状或似层状，一
般不显层理，偶见大型交错层理，砂体间的粉砂岩、细砂岩夹层大多显示小型交错层
理，多见虫孔构造。

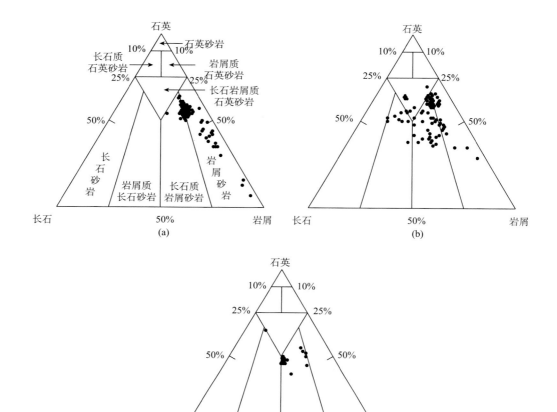

图 2-5　库车拗陷克拉苏构造带巴什基奇克组第三段砂岩分类图（底图据赵澄林和朱筱敏，2001）
(a) 克拉区块（样品数 106）；(b) 大北区块（样品数 109）；(c) 克深区块（样品数 28）

2. 扇三角洲前缘亚相沉积特征

1）扇三角洲前缘水下分流河道微相

　　该微相以克拉 201 井第 28~31 次取心井段为例说明（图 2-7）。克拉 201 井取心井段 3920~3929m，厚 9m，共由九个正韵律叠置组成，属水下分流河道微相。水下分流河道是水上分流河道在水下的延伸，其沉积特征与砂质辫状河道相似。岩性主要为红褐色砂砾岩、含泥砾砂岩、砂岩，顶部为泥岩，下粗上细是其显著沉积特征。砾石分选磨圆均差，具有弱的叠瓦状排列，多为杂乱无序排列。第三个正韵律底部（3922.4m）为泥砾岩，层厚约 3cm，砾石扁平状，顺层分布，泥砾粒径约 2mm×4mm。该微相沉积构造类型丰富，常见流水成因和波浪成因的槽状交错层理、沙纹层理、波状层理、斜层理、平行层理等，发育生物扰动构造和潜穴，但化石较少。砂岩底部具有侵蚀冲刷面，并含同生泥砾。

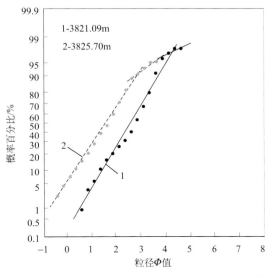

图 2-6　库车拗陷克拉 3 井巴什基奇克组第三段砂岩概率累积曲线图

扇三角洲前缘水下分流河道常见两种沉积序列：向上变细式，如克拉 201 井取心井段 3929～3930.2m，单个正韵律均具有向上变细特征；垂向加积式，如克拉 201 井取心井段 3936.8～3939.8m，其间三个正韵律规模大致一致，部分间断韵律顶部可出现质纯泥岩，泥岩厚度 0.2～0.5m 不等。多数间断韵律顶部泥岩未能保存下来（图 2-7）。

2）分流间湾微相

克拉 3 井取心井段（3820.12～3826m，厚 5.88m）为典型分流间湾微相沉积。该取心井段主要岩性为褐色粉砂质泥岩、褐色粉砂岩，发育透镜状层理、楔状交错层理，还可见少量虫孔生物扰动痕迹。分流间湾位于水下分流河道的两侧，多由粉砂岩-泥质粉砂岩-泥岩向上变细的正韵律组成，顶部褐色泥岩单层横向分布不稳定，是洪水期间沉积物从水下分流河道中溢到河道间沉积而形成。

3）河口砂坝微相

在扇三角洲中不太发育。河口砂坝位于分流河道前缘和侧缘，是由于水体深度的增加或地形坡降突然变缓，分流河道带来的碎屑物质在河道前缘形成向上变粗的反粒序砂坝，随着沉积物的不断供给和河道的不断改造，可形成大面积的厚层砂体。岩性主要为褐红色细砂岩，粉砂岩。砂体顶底面均较平直，横向分布稳定，发育多种交错层理，电测曲线以漏斗形为主。

3. 前扇三角洲亚相

由灰色、褐色泥岩、粉砂质泥岩组成，有时夹粉砂岩薄层和粉砂岩透镜体。主要是悬浮物质在能量相当弱的条件下垂向加积而成，位于三角洲前缘的前方，与湖相泥难以区分。

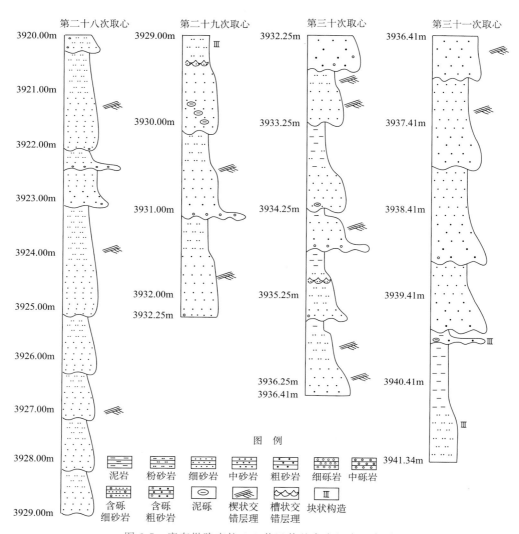

图 2-7 库车拗陷克拉 201 井巴什基奇克组岩心序列

二、辫状河三角洲沉积

（一）辫状河三角洲沉积特征

辫状河三角洲最早是由 McPherson 等（1987，1988）提出的，是指由辫状河体系前积到停滞水体中形成的富含砂和砾石的三角洲。

辫状河三角洲是一种近源、粗粒的三角洲沉积类型，具有较为明显的牵引流作用。辫状河三角洲的平原部分主要由众多的辫状河道或辫状河平原所组成，与扇三角洲平原沉积物的冲积扇相比，辫状河沉积物以河流体系的高度河道化，更持续的水流和很好的侧向连续性为特征，沉积物中含丰富的交错层理，且砂砾岩显示明显的正韵律。辫状三角洲的水下部分亦具特色，其前缘部分以非常活跃的水下分流河道沉积为主，发育大型层理构造，具向上变细的沉积层序；河口砂坝虽没有正常三角洲限定性强，但远较扇三角洲好，且分布普遍。

通过对克拉苏构造带白垩系巴什基奇克组 14 口取心井（心长 253.82m）的岩心精细描述观察，结合薄片鉴定、测录井资料和岩心样品测试分析资料等的综合研究，认为克拉苏构造带白垩系巴什基奇克组第一、二段发育典型辫状河三角洲沉积。辫状河三角洲平原下部以块状层理砂质砾岩沉积为主，上部为块状层理含粗砂砾岩，有时为平行层理含砾砂岩，自下而上呈示正粒序。辫状河三角洲前缘沉积多为砾质砂岩及粉砂质砂岩，发育强牵引流成因冲刷面构造、平行层理、大-中型交错层理、间断正韵律，部分单个正韵律中厚层质纯的红褐色泥岩保存较为完整。其主要沉积微相为水下分流河道、分流间湾及河口坝。正是由于辫状河河道沿相对平缓的前陆斜坡侧向快速迁移，使辫状河三角洲砂体在横向上连片叠置分布，形成了分布较为广泛的辫状河三角洲砂体群，构成了库车拗陷克拉苏构造带巴什基奇克组主力储集层。

库车拗陷克拉苏构造带白垩系巴什基奇克组第一、二段 1253 个岩石薄片显微镜鉴定表明，不同区块巴什基奇克组储层砂岩类型存在差异。克拉区块以岩屑砂岩、长石质岩屑砂岩为主；大北区块以长石质岩屑砂岩及岩屑质长石砂岩为主；克深区块以岩屑质长石砂岩为主（图 2-8）。整体而言，巴什基奇克组第一、二段砂岩成分成熟度偏低（表 2-1），分选中等-好，磨圆为次棱角状-次圆状，结构成熟度中等偏低。

83 个岩样粒度分析表明，其粒度概率累积曲线以两段式为主，表现为跳跃总体占主体，悬浮总体含量略高，细截点偏细，常对应平行层理、大-中型楔状交错层理的中细砂岩，反映辫状河水下分流河道沉积能量强，沉积物主要呈跳跃式搬运、沉积速度快的牵引流沉积特点。以大北 203 井为例，岩样为发育大型楔状交错层理的中细砂岩，粒度概率累积曲线为两段式，其跳跃次总体含量约在 80% 以上，斜率较高，分选中等-好（图 2-9）。

岩心观察发现，克拉苏构造带巴什基奇克组第一、二段主要由红褐色砂岩及含砾砂岩组成，发育丰富的强牵引流成因的冲刷面 [图 2-10 (a)、(b)]、楔状交错层理 [图 2-10 (c)] 和砾石叠瓦状排列 [图 2-10 (d)] 等沉积构造。巴什基奇克组发育多期次叠置的间断正韵律，单个正韵律厚度 0.3～5m 不等，顶部可见保存较为完整的质纯红褐色泥岩（泥岩厚度 0.2～3m 不等），底部发育冲刷面、砾石含量较高，反映了强水动力环境的辫状河道迁移、冲刷和叠置过程。岩心含砾砂岩中砾石多为红褐色泥砾，多顺层分布，具有一定方向性，其与正韵律顶部泥岩颜色、成分一致，为河道改道冲刷搬运再沉积形成。以大北 202 井为例 [图 2-10 (f)]，取心井段（5713.7～5720.52m）由八个规模不一的正韵律构成，构成了至少八期水下分流河道沉积，单个旋回厚度为 0.3～2m，底部存在突变面，局部见薄层细砾岩或含砾砂岩沉积，总体上由下部含砾砂岩或细砾岩与上部细砂岩、粉砂岩、泥岩组成。大北 6 井取心井段也有类似特征，其泥岩夹层保留较好 [图 2-10 (g)]。

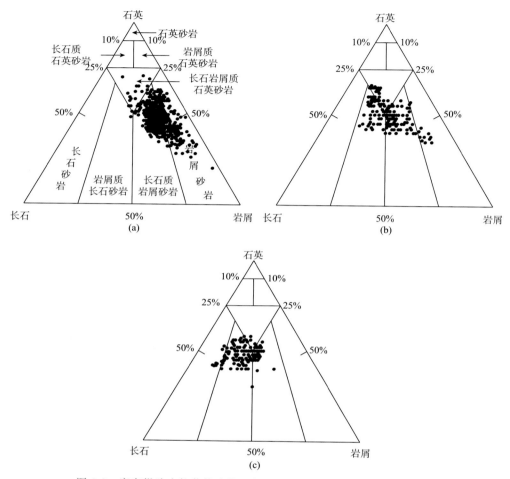

图 2-8　库车拗陷克拉苏构造带巴什基奇克组第一、二段砂岩分类图

（a）克拉区块（样品数 769）；（b）大北区块（样品数 322）；（c）克深区块（样品数 162）

（二）辫状河三角洲亚微相特征

1. 辫状河三角洲平原沉积特征

1）平原分流河道微相

辫状河道沉积以河道砂坝侧向迁移加积而形成的沉积物为主，亦见部分废弃河道充填沉积。辫状三角洲平原亚相中主要沉积类型是辫状河道沉积，并可分为近端辫状河道和远端辫状河道沉积，其次是越岸漫流沉积等。

近端辫状河道主要发育于辫状河三角洲平原近物源端，主要分布在露头区。例如，在克拉苏河露头剖面中，巴什基奇克组一段底面为冲刷面，下部以块状层理砂质砾岩沉积为主，上部为块状层理含粗砂砾岩，有时为平行层理含砾砂岩，自下而上呈示正粒序。远端辫状河道发育于辫状河三角洲平原临近盆地的远端，克拉苏河露头剖面可见该

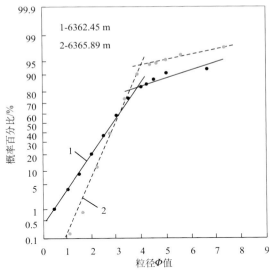

图 2-9 库车拗陷大北 203 井巴什基奇克组第二段砂岩概率累积曲线图

沉积，其底面为冲刷面，冲刷面上发育滞留砾石层，砾石成分为泥砾、硅质岩、变质岩等，较大的砾石呈叠瓦状排列；下部以发育槽状交错层理的砂岩沉积为主，有时见单组板状交错层理砂岩；上部以平行层理砂岩沉积为主，次为板状交错理砂岩；顶部常见生物扰动砂岩。砂岩多为中砂岩，底部含砾石，自下而上呈正粒序。远端辫状河道砂体形态以板状、席状为主，少量为底凸顶平的透镜状，表明河道宽而浅，砂体厚度一般为 2～4m。远端辫状河道中废弃河道较为常见，其底面为冲刷面，下部为厚度较小（一般小于 0.5m）的中砂岩或含砾砂岩，上部迅速变为细砂岩，反映了辫状河道的频繁迁移。

2）越岸漫流微相

洪水期，水体漫越平原分流河道，在河道两侧形成积水洼地，其内部接受细粒物质的沉积，岩性为粉细砂岩和泥岩。在粉细砂岩中，底面可见岩性突变界面，砂岩中见有中小型楔状交错层理；泥岩颜色较杂，具有块状层理。

2. 辫状河三角洲前缘沉积特征

库车拗陷克拉苏构造带巴什基奇克组辫状河三角洲前缘主要由水下分流河道沉积、分流间湾、河口砂坝组成，其中水下分流河道沉积占主体。

1）水下分流河道微相

水下分流河道主要为细砂岩及中粗砂岩沉积，也见少量细砾岩、含砾砂岩。平面上细砂岩及中粗砂岩分布面积较广，向盆地方向缓慢减薄。单一水下分流河道砂体沉积厚度 0.3～5m 不等，砂体与其上、其下岩层均为突变接触，底部表现为冲刷面，发育楔状交错层理、斜层理等沉积构造，显示向上粒度变细的间断正韵律，垂向上常见多个水下分流河道砂体叠置，形成厚度较大的复合砂体 ［图 2-10（h）］。克深 201 井

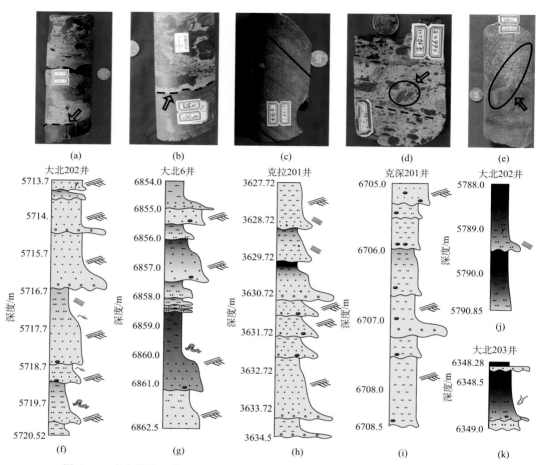

图 2-10　库车拗陷巴什基奇克组辫状河三角洲典型沉积构造及典型岩心序列图

（a）大北 204 井，5985.5m，第二段，红棕色细砾岩及冲刷面；（b）克深 201 井，6707.2m，第二段，红棕色中砾岩及冲刷面；（c）大北 6 井，6861.5m，第二段，楔状交错层理细砂岩；（d）克拉 201 井，3660.5m，第一段，砾石叠瓦状排列，泥砾顺层分布的细砾岩；（e）大北 203 井，第二段，6426.25m，生物钻孔；（f）大北 202 井；（g）大北 6 井，辫状河三角洲前缘水下分流河道及分流间湾；（h）克拉 201 井；（i）克深 201 井，辫状河三角洲前缘水下分流河道；（j）大北 202 井；（k）大北 203 井，辫状河三角洲前缘分流间湾

[图 2-10（i）]较克拉 201 井的位置离物源更远，也可能为分支水道，其水下分流河道沉积物粒度偏细、沉积序列规模偏小。辫状河三角洲水下分流河道砂体伽马曲线呈齿状箱形或钟形 [图 2-11（a）]。

　　2）分流间湾微相

　　分流间湾是水下分流河道之间沉积的较为细粒的物质，沉积于水动力相对较弱的环境中，其岩性一般较细，多为红褐色泥岩、粉砂岩 [图 2-10（j）、（h）]，见水平层理和生物扰动构造。如大北 203 井 6426.25m 岩心见近直立虫孔 [图 2-10（e）]。因水下分流河道特别活跃，迁移频繁，河道间沉积物往往遭到侵蚀破坏，保存下来的偏少，且多以透镜状的形式出现。另外，河道间沉积物也会遭到部分或全部的侵蚀破坏，以泥岩

035

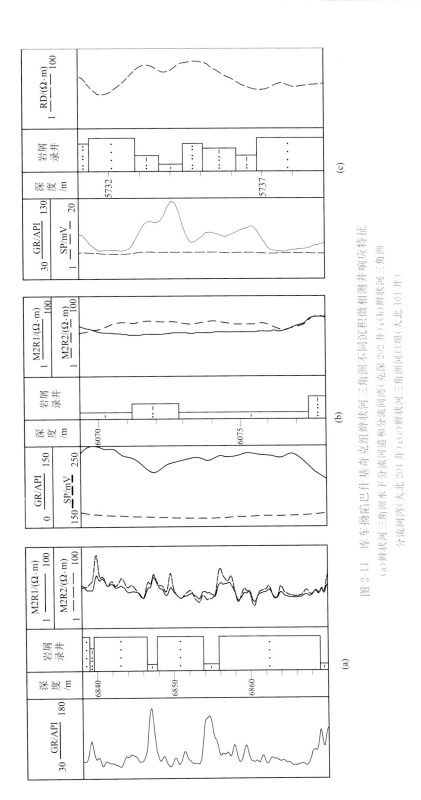

图 2-11　库车拗陷巴什基奇克组辫状河三角洲不同沉积微相测井响应特征
(a)辫状河三角洲水下分流河道和分流间湾(克深 202 井);(b)辫状河三角洲
分流间湾(大北 201 井);(c)辫状河三角洲河口坝(大北 101 井)

撕裂屑或透镜状形式出现在河道砂中。间夹于水下分流河道微相间的薄层泥岩或泥质粉砂岩伽马曲线呈高幅指状特征［图2-11（a）］，较厚层的分流间湾泥岩的自然电位曲线呈平直状［图2-11（b）］。

3）河口砂坝微相

研究区少见河口坝沉积，其一般位于水下分流河道的末端及侧缘，由于辫状河三角洲受洪水或山间河流控制，水下分流河道迁移明显，河口砂坝常受到改造或破坏，岩心中未见规模较大的前缘河口砂坝。岩屑录井剖面上偶见小规模反韵律（厚度约为3m）。

河口砂坝微相的测井响应特征明显，与分流河道的测井响应特征差异较大：河口坝微相测井形态呈明显漏斗形，区分于分流河道的钟形和箱形。河口坝倾角矢量大小有随深度加深而减小的趋势，反映河口坝沉积水动力随深度加深而减弱，而分流河道单个砂层顶部水动力较弱而底部较强，并且冲刷构造发育。分流河道的微电导率曲线特征值幅度大，且呈微细正旋回构造，而河口坝微电导率曲线幅度较低不呈旋回性［图2-11（c）］。

3. 前辫状河三角洲沉积特征

由褐色、灰色泥岩、粉砂质泥岩组成，有时夹粉砂岩薄层和粉砂岩透镜体。主要是悬浮物质在低能环境下垂向加积而成，与湖相泥难以区分。

三、扇三角洲与辫状河三角洲沉积特征差异

库车拗陷巴什基奇克组扇三角洲和辫状河三角洲沉积特征存在明显差异（图2-12）。

（一）沉积水流性质不同

扇三角洲是由冲积扇直接入湖沉积形成的，具有一定的重力流沉积特征，形成的砾岩具有杂基支撑结构，概率粒度曲线特征与浊流样式相近，颗粒混杂，分选差；辫状河三角洲为牵引流性质的沉积，发育颗粒支撑砾岩，沉积物粒度相对细，分选也较好，概率粒度曲线多呈反映牵引流的三段式和二段式。

（二）前缘沉积微相组合不同

在库车拗陷克拉苏构造带中，扇三角洲前缘的微相类型单一，主要发育水下分流河道和分流间湾两个微相。辫状河三角洲前缘主要发育水下分流河道、分流间湾及河口坝沉积微相。

（三）砂体规模和形态不同

扇三角洲沉积砂体规模较小，平面上呈朵状；辫状河三角洲砂体规模较大，由于河道频繁迁移改道，砂体平面上呈连片分布的朵叶状或条带状。

037

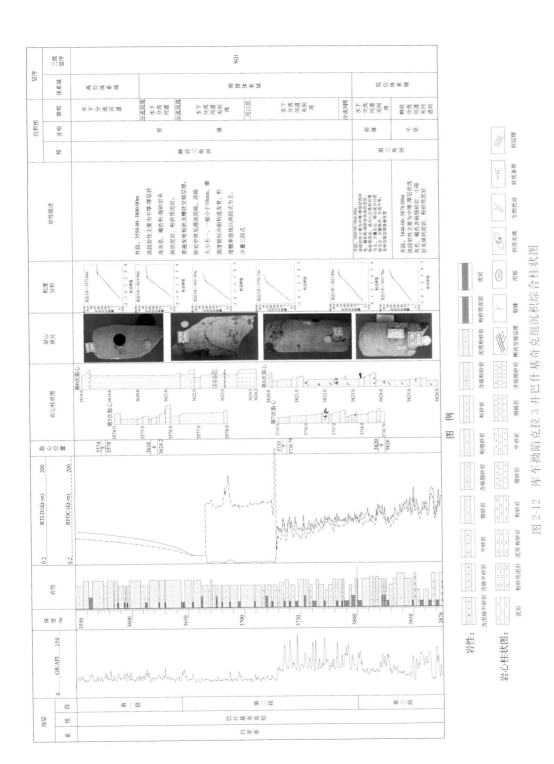

图 2-12 库车拗陷克拉 3 井巴什基奇克组沉积综合柱状图

（四）沉积序列不同

巴什基奇克组下部第三段扇三角洲前缘沉积序列主要为间断正韵律，单个正韵律中泥岩保存较少，发育楔状交错层理及冲刷面构造。中上部第一段、第二段辫状河三角洲前缘沉积正韵律沉积厚度明显增厚、泥岩保存较多，离物源更远，发育楔状交错层理及冲刷面构造。

第三节　沉积相及储集体分布特征

一、沉积相平面分布特征

在分析库车拗陷大地构造背景、物源方向、地层特征的基础上，通过岩心岩性、沉积构造及沉积序列特征的研究，统计砂体厚度、砂地比值，基于单因素分析、多因素综合作图的岩相古地理分析思想（冯增昭，1992，2004），分别绘制了克拉苏构造带白垩系巴什基奇克组第一段、第二段及第三段的沉积相图，其中沉积边界为构造平衡剖面恢复的原始沉积边界区域[①]。整体上，克拉苏构造带白垩系巴什基奇克组沉积时期，库车拗陷克拉苏构造带北侧发育多个古河流（古库车河、古克拉苏河、古卡普沙良河等），提供近源粗粒物质，基本控制了巴什基奇克组三角洲沉积体的展布。

巴什基奇克组沉积早期（第三段），库车拗陷构造活动强烈，基底沉降较快，物源区与沉积区地形高差较大、坡度大，古库车河、古克拉苏河、古卡普沙良河等河流提供大量陆源碎屑物质，沉积物多为出山口快速沉积入湖，古流向由北向南，形成地形较陡的冲积扇-扇三角洲沉积体系，南北相带变化明显（图 2-13）。物源来自北部天山，近物源区发育冲积扇，向南过渡成扇三角洲沉积，以砂地比等值线 50％为界，单个扇三角洲前缘平均面积约为 1600km²，向盆地中央方向推进 28～45km。扇体主要分布于大北 1-大北 5 井区、克拉 1-克拉 5 井区、克深 2-克拉 204 井区、东秋 8-东秋 6 井区，其中克拉 1-克拉 5 井区扇三角洲面积最小，其前缘面积约为 1400km²，东秋 8-东秋 6 井区扇三角洲前缘面积最大，约为 1800km²。受古克拉苏河和古库车河明显供源影响，沉积粒度粗、向盆地中央延伸远、面积大。覆盖区克拉苏构造带巴什基奇克组多处于扇三角洲前缘沉积相带（图 2-13）。

巴什基奇克组沉积中晚期（第一段、第二段），构造活动相对较弱，基底沉降相对稳定，古地形较为平坦，受古库车河、古克拉苏河、古卡普沙良河等辫状河的河流作用影响，南天山多个物源提供大量碎屑物质，由北向南入湖形成辫状河三角洲沉积体系。从山前向南发育辫状河三角洲平原-辫状河三角洲前缘沉积，构成由分流河道与分流间湾交互沉积形成的含砾砂岩或砂岩与泥岩或粉砂岩互层的沉积序列。辫状河三角洲沉积体系朵叶特征明显，分布在大北 2-吐北 2 井区、克深 7-克拉 204 井区、克拉 3-东秋 6 井区。辫状河三角洲前缘延伸较远，可向盆地中央方向推进 35～60km，结合库车

---

① 漆家福，李艳友．2012．库车前陆盆地地质结构再认识及大北-克深三维区构造建模（内部报告）．库尔勒：中国石油塔里木公司．

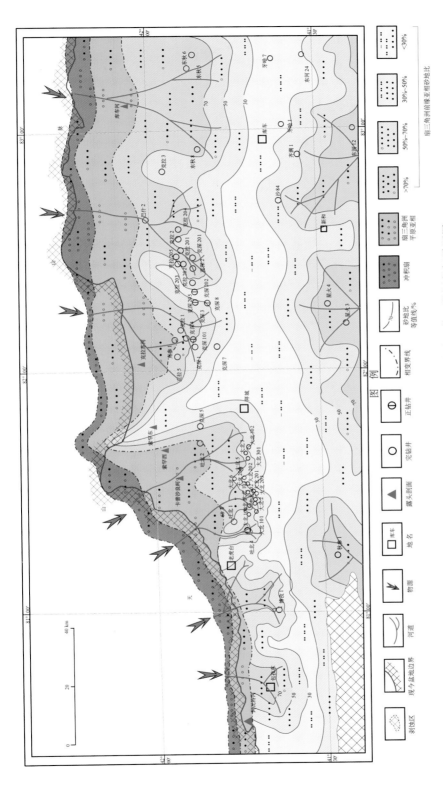

图2-13 库车拗陷克拉苏构造带巴什基奇克组第三段沉积相平面图

拗陷东南部钻井沙 84 井巴什基奇克组第二段地层厚度（131.5m）及砂地比（50.3％）、第一段地层厚度（84.8m）及砂地比（68.4％），认为克拉苏构造带上的辫状河三角洲前缘与东南物源辫状河三角洲前缘在盆地中央汇聚，形成满盆含砂的局面，砂体横向上厚度分布大，第一段、第二段砂体累计厚度可达 100～300m，且较为稳定，主要微相为水下分流河道、分流间湾及河口坝沉积（图 2-14、图 2-15）。下白垩统沉积后，研究区经历了剧烈的挤压运动，使该区抬升缺失上白垩统，大北区块巴什基奇克组顶部第一段被剥蚀殆尽。

二、不同岩相储集体分布特征

根据岩性及其沉积构造特征，可将白垩系巴什基奇克组岩性分为五大岩相类型：泥岩相（包括泥岩、泥质粉砂岩、粉砂质泥岩）、粉砂岩相（包括粉砂岩、含砾粉砂岩）、细砂岩相（包括细砂岩、含砾细砂岩）、中粗砂岩相（包括中砂岩、粗砂岩）、砂砾岩相（包括砂砾岩、砾岩）。除泥岩相外，其他四类岩相类型都可作为常规油气的储集层。

库车拗陷克拉苏构造带巴什基奇克组自上而下分为第一段、第二段、第三段。克深 5 井—拜城一线以西，第一段遭受全部剥蚀；秋参 1 井附近，第二段小面积剥蚀；秋参 1 井以西，第三段小面积剥蚀。克拉区块及克深区块巴什基奇克组保存较完整，但由于第三段埋深较大，多井未钻至或未钻穿。

自北部山前向南，库车拗陷克拉苏构造带巴什基奇克组发育辫状河三角洲沉积和扇三角洲沉积。砂砾岩相分布范围较小。巴什基奇克组第一段砂砾岩相单井录井及岩屑录井剖面中极少见到，砂砾岩相基本不发育；第二段砂砾岩相多沿山前分布，呈窄条状（向盆地中央延伸 4～16km），且向盆地方向迅速减薄直至尖灭，厚度较薄，为 10～30m（图 2-2）；第三段砂砾岩相分布面积较第二段广，厚度为 10～70m，大北区块剥蚀残余厚度为 10～30m，克深区块及克拉区块厚度为 10～70m（图 2-3）。中粗砂岩相分布范围较砂砾岩相广，最厚处集中于主河道，向盆地方向减薄，其中巴什基奇克组第一段中粗砂岩相厚度为 10～50m，最厚处克拉区块可达 60m；第二段中粗砂岩相厚度为 10～70m，大北区块及博孜阿瓦特地区剥蚀残余厚度较薄，为 10～30m，克深区块及克拉区块沉积厚度相对较厚，为 30～70m；第三段中粗砂岩相厚度为 10～30m（图 2-16～图 2-18）。细砂岩相分布面积更广，其主要集中于河道，向盆地方向缓慢减薄，自山前向盆地中央延伸 15～60km，基本是满盆覆砂，其中巴什基奇克组第一段、第二段厚度为 10～70m，第三段厚度稍薄，为 10～50m（图 2-19，图示以第二段为例）；粉砂岩相多为分流间湾或辫状河三角洲前缘远端沉积，由于其远离物源，靠近湖盆中央，故沉积粒度较细，研究区内粉砂岩相除北部天山供源外，还有来自东南隆起的供源，以及西南角的温宿凸起供源，使粉砂岩相在盆地中心沉积厚度最大，为 200m，其中巴什基奇克组第二段粉砂岩相厚度最大，为 20～80m，第一段和第三段厚度均为 20～60m（图 2-20，图示以第二段为例）。需要说明的是，大北区块以西的博孜-阿瓦特地区，由于巴什基奇克组第一段完全被剥蚀，第二段顶部也遭受剥蚀，故第二段山前地区残余厚度较薄（厚度小于 150m）。

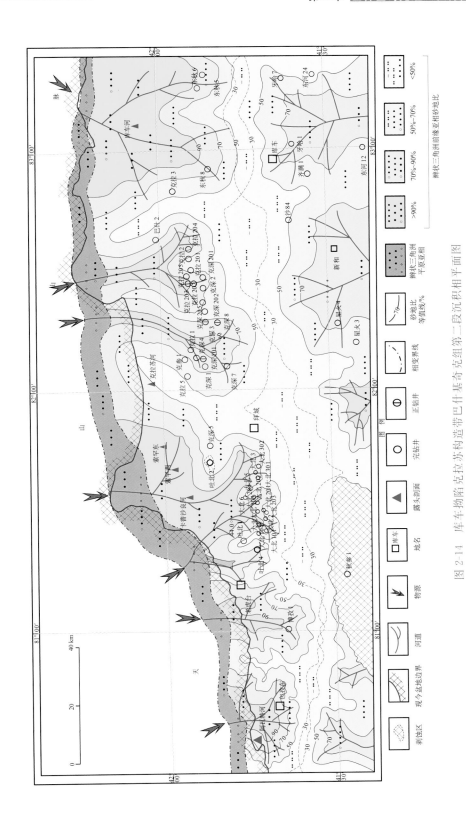

图 2-14 库车拗陷克拉苏构造带巴什基奇克组第二段沉积相平面图

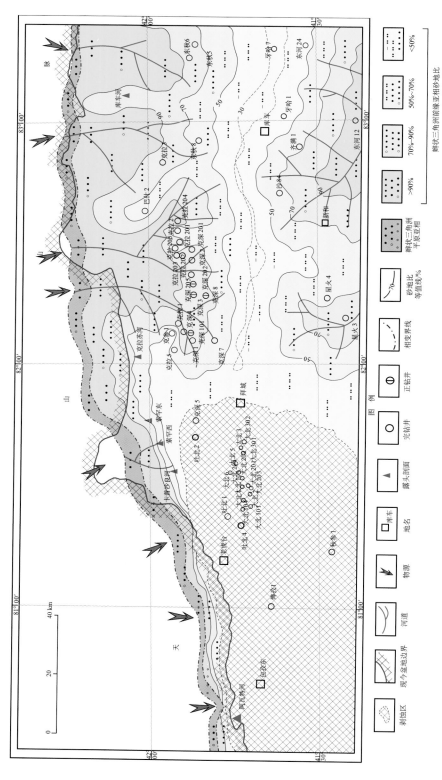

图 2-15　库车拗陷克拉苏构造带巴什基奇克组第一段沉积相平面图

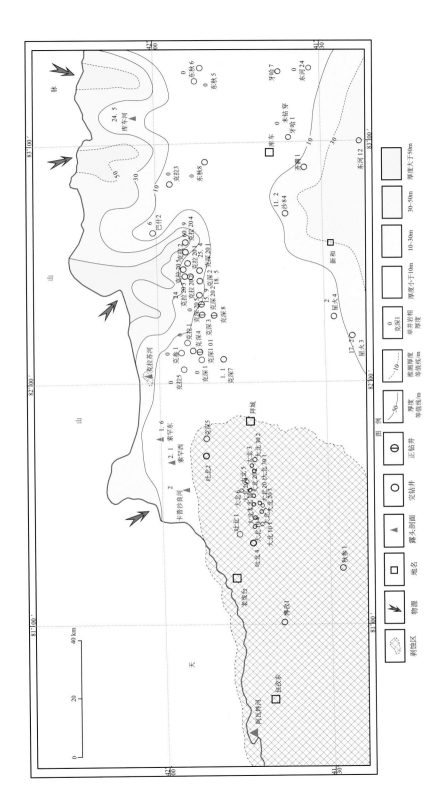

图 2-16 库车拗陷克拉苏构造带巴什基奇克第一段中粗砂岩岩相厚度分布图

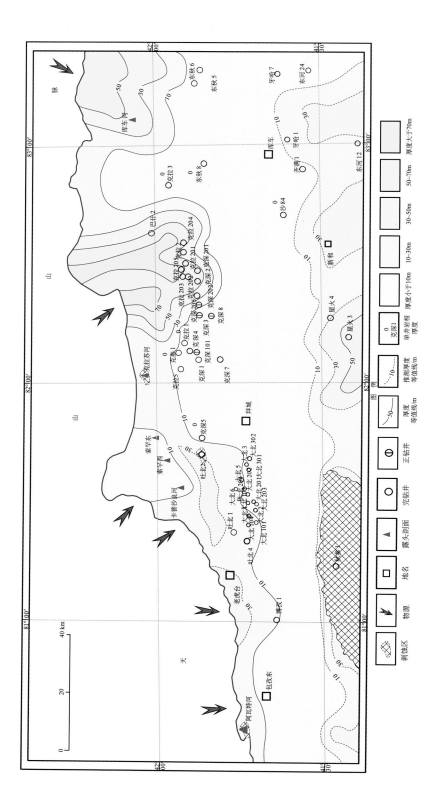

图 2-17 库车拗陷克拉苏构造带巴什基奇克第二段中粗砂岩岩相厚度分布图

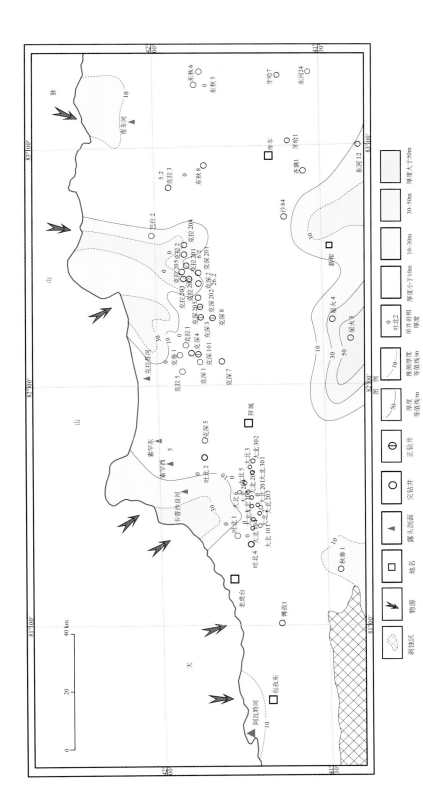

图 2-18 库车拗陷克拉苏构造带巴什基奇克第三段中粗砂岩相厚度分布图

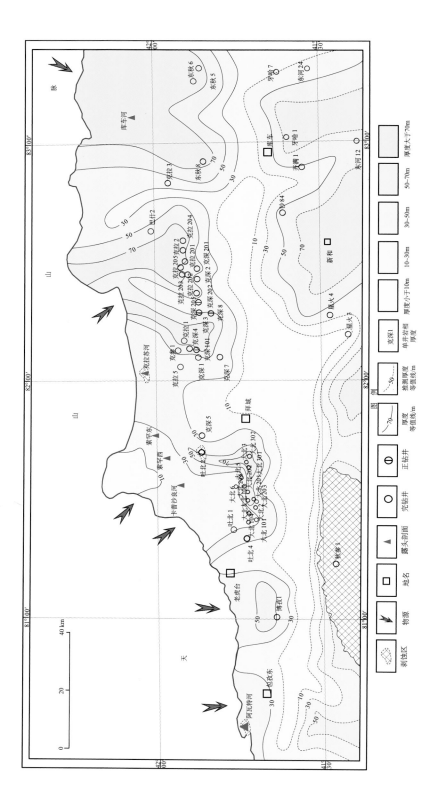

图 2-19　库车拗陷克拉苏构造带巴什基奇克第二段细砂岩岩相厚度分布图

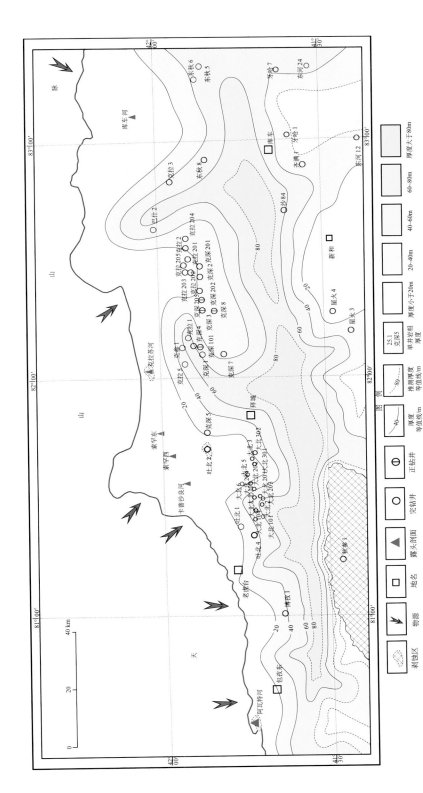

图 2-20 库车拗陷克拉苏构造带巴什基奇克第二段粉砂岩岩相厚度分布图

三、沉积模式

库车拗陷克拉苏构造带白垩系巴什基奇克组沉积时期，受古库车河、古克拉苏河、古卡普沙良河等河流近源供源作用的影响，在克拉苏构造带形成了粒度粗、沉积层理规模大、发育间断正韵律、垂向砂体叠置、横向砂体连片、分布面积较大的扇三角洲和辫状河三角洲沉积体系。

扇三角洲沉积主要分布于库车拗陷山前地带白垩系巴什基奇克第三段。此时沉积区离物源较近，多为冲积扇直接入湖形成扇三角洲沉积。其岩性粒度一般较粗，受间歇性洪水作用控制，河道极不稳定，洪水流失快，砂体呈规模较小的朵状，主要微相类型为水下分流河道和分流间湾［图 2-21（a）］。克拉苏构造带白垩系巴什基奇克组第二段及第一段沉积时，湖平面上升，岸线后退，构造活动减弱，前缘斜坡带地形变缓，冲积平原发育，河道显现，距离物源区渐远，转变为辫状河三角洲沉积环境。在其形成过程中，由于地形地貌、形成机理及水动力条件的不同，不同区域的岩性岩相特征、沉积序列及测井响应均发生变化。垂向上，岩性表现为红褐色砂砾岩、中-细砾岩夹厚层红褐色块状泥岩、红褐色含砾砂岩、红褐色块状中细砂岩夹薄层红褐色泥岩、红褐色粉砂岩、浅灰色细砂粉砂岩的变化过程。砂岩成分成熟度和结构成熟度渐高，沉积构造显示规律性变化，沉积物由重力流成因为主的搬运机制转向牵引流成因为主的搬运机制，体现了水动力条件逐渐稳定的过程［图 2-21（b）］。

辫状河三角洲既有与扇三角洲的物源近、粒度粗等相似的沉积特征，又有正常三角洲以牵引流作用占主导的特征，但更有其自身的沉积特点。辫状河三角洲平原亚相主要由众多的辫状河道组成，与扇三角洲平原的冲积扇相比，其辫状河沉积物以河流体系的高度河道化、更持续的水流和很好的侧向连续性为特征，沉积物中富含交错层理，且砂砾岩显示清楚的正韵律性。前缘以非常活跃的水下分流河道沉积为主，发育规模很大，具向上变细的沉积特征，河口坝虽没有正常三角洲那么发育，但较扇三角洲发育分布普遍。

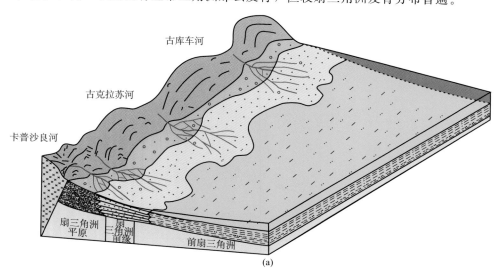

(a)

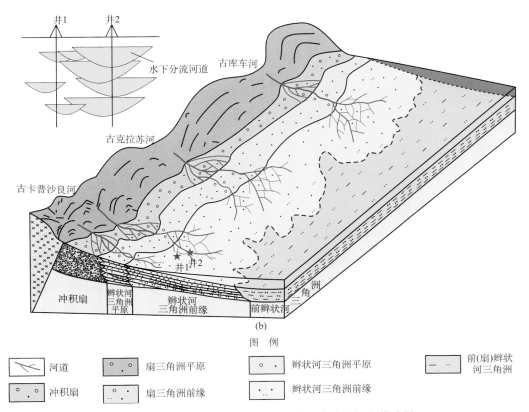

图 2-21 库车拗陷克拉苏构造带巴什基奇克组沉积模式图

049

第三章 巴什基奇克组储层特征

第一节 储层岩石学特征

库车拗陷克拉苏构造带白垩系巴什基奇克组发育岩屑砂岩、长石质岩屑砂岩及长石砂岩，由于受古物源差异供给的影响，沉积岩性在时间（巴什基奇克组第一段、第二段、第三段）及空间上（大北区块、克拉区块、克深区块）[图 1-6（a）]分布具有差异性。

一、克拉区块巴什基奇克组岩石学特征

克拉区块处于库车拗陷克拉苏构造带上盘，目的层段巴什基奇克组埋深相对较浅，埋深为 2300～4400m。

（一）克拉区块巴什基奇克组第一段岩石学特征

克拉区块巴什基奇克组第一段砂岩主要为红褐色楔状交错层理细砂岩。砂岩类型主要为岩屑砂岩，其次为长石质岩屑砂岩，少量长石岩屑质石英砂岩、岩屑质长石砂岩[图 3-1（a）]。其中石英含量为 20%～70%，平均含量为 47%；长石含量为 1.5%～25%，平均含量为 12%，以钾长石为主；岩屑含量为 17%～77%，平均含量为 41%，岩屑种类包含了沉积岩、变质岩及岩浆岩三大岩类，其中沉积岩岩屑平均含量为 13.5%，以泥岩为主；变质岩岩屑平均含量为 19%，多为石英岩、石英云母片岩、千枚岩；岩浆岩岩屑平均含量为 8.8%，多为花岗岩。砂岩杂基以铁泥质、泥质为主；胶结物以碳酸盐胶结物为主，主要为方解石、白云石、硬石膏，还有少量铁白云石及硅质，其中方解石胶结物平均含量为 9%，胶结致密，胶结类型以孔隙型、薄膜-孔隙型为主。碎屑颗粒磨圆以次棱角状为主，分选中等-好。颗粒间以点线接触为主，其次为线接触。据 X 衍射分析，克拉区块白垩系巴什基奇克组第一段黏土矿物以伊/蒙混层（平均相对含量约为 44%）为主，其次为伊利石（平均相对含量约为 35%）、高岭石（平均相对含量约为 15%）、绿泥石（平均相对含量约为 6%）。

（二）克拉区块巴什基奇克组第二段岩石学特征

克拉区块巴什基奇克组第二段砂岩主要为红褐色斜层理细砂岩。砂岩类型主要为长石质岩屑砂岩，其次为岩屑砂岩，少量长石岩屑质石英砂岩、岩屑质长石砂岩[图 3-1

(b)]。其中石英含量为36%～70%，平均含量为47.4%；长石含量为8%～27%，平均含量为16.4%，以钾长石为主；岩屑含量为10%～51%，平均含量为36.1%。岩屑种类包含了沉积岩、变质岩及岩浆岩三大岩类，其中沉积岩岩屑平均含量为9.6%，以泥岩为主；变质岩岩屑平均含量为18%，多为石英岩、片岩、千枚岩；岩浆岩岩屑平均含量为8.4%，主要为花岗岩。砂岩杂基以铁泥质、泥质为主；胶结物种类比较多，有白云石、铁白云石、黄铁矿、硅质及硬石膏，以白云石胶结为主，平均含量为5.2%。主体砂岩胶结致密，部分中等，胶结类型以孔隙型为主，薄膜-孔隙型为辅。碎屑颗粒主要为次棱角状、次棱角状-次圆状，其次为次圆-圆状，分选好-中等。颗粒间以点接触、线接触、点线接触为主。据X衍射和扫描电镜分析，克拉区块白垩系巴什基奇克组第二段黏土矿物以伊/蒙混层（平均相对含量约为47%），其次为伊利石（平均相对含量约为31%）、高岭石（平均相对含量约为15%）、绿泥石（平均相对含量约为7%）。

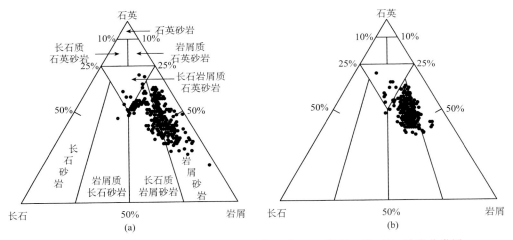

图 3-1　库车拗陷克拉区块巴什基奇克组第一段（a）及第二段（b）砂岩分类图

（三）克拉区块巴什基奇克组第三段岩石学特征

克拉区块巴什基奇克组第三段砂岩主要为红褐色楔状交错层理细砂岩。砂岩类型主要为岩屑砂岩，其次为长石质岩屑砂岩 [图 2-5（a）]。其中石英含量为7%～64%，平均含量为49%；长石含量为2.5%～20%，平均含量为10%，以钾长石为主；岩屑含量25%～90%，平均含量为41%，岩屑种类包含了沉积岩、变质岩及岩浆岩三大岩类，其中沉积岩平均含量为8.2%，以泥岩为主；变质岩岩屑平均含量为25.1%，多为石英岩、片岩、千枚岩；岩浆岩岩屑平均含量为7.6%，多为中酸性喷出岩。砂岩杂基以铁泥质、泥质为主；胶结物种类比较多，有方解石、白云石、铁白云石、硅质、硬石膏，胶结物以白云石为主，平均含量为9.3%，胶结致密，胶结类型以孔隙型为主。碎屑颗粒主要为次棱-次圆状，其次为次圆状，分选好-中等。颗粒间以点线接触为主。据X衍射和扫描电镜分析，克拉区块白垩系巴什基奇克组第三段黏土矿物以伊利石（平均相对含量约为 41%）、伊/蒙混层（平均相对含量约为 34%）为主，其次为绿泥石（平均相对含量约为 15%）、高岭石（平均相对含量约为 10%）。

二、大北区块巴什基奇克组岩石学特征

大北区块巴什基奇克组埋深均在 5300m 以下。钻井揭示区内巴什基奇克组全段发育不全，第一段被剥蚀殆尽，残留第二段及第三段。

（一）大北区块巴什基奇克组第二段岩石学特征

大北区块巴什基奇克组第二段砂岩主要为红褐色楔状交错层理细砂岩。砂岩类型主要为岩屑质长石砂岩、长石质岩屑砂岩，其次为长石岩屑质石英砂岩、岩屑砂岩 [图 2-8（b）]。其中石英含量为 35%～65%，平均含量为 54%；长石含量为 2%～40%，平均含量为 23%，以钾长石为主；岩屑含量为 10%～65%，平均含量为 23%，岩屑种类包含沉积岩、变质岩及岩浆岩三大岩类，其中沉积岩岩屑平均含量为 4%，以硅质岩为主；变质岩岩屑平均含量为 11%，多为片岩、千枚岩、石英岩；岩浆岩岩屑平均含量为 8%，多为花岗岩。砂岩杂基以泥质、铁泥质为主；胶结物种类比较多，有方解石、铁方解石、白云石、铁白云石、硅质、硬石膏及黄铁矿，以方解石胶结为主，平均含量为 7.1%，胶结致密，胶结类型以孔隙型为主，压嵌-孔隙型为辅。碎屑颗粒主要为次棱角状，部分为次棱-次圆状，分选中等-好。颗粒间呈点线接触。据 X 衍射和扫描电镜分析，大北区块白垩系巴什基奇克组第二段黏土矿物以伊利石（平均相对含量约为 62%）和伊/蒙混层（平均相对含量约为 27%）为主，少量绿泥石及高岭石。

（二）大北区块巴什基奇克组第三段岩石学特征

大北区块巴什基奇克组第三段砂岩主要为红褐色细砂岩。砂岩类型主要为长石质岩屑砂岩，其次为岩屑砂岩、长石岩屑质石英砂岩、岩屑质长石砂岩 [图 2-5（b）]。其中石英含量为 35%～66%，平均含量为 56%；长石含量为 6%～33%，平均含量为 16%，以钾长石为主；岩屑含量为 14%～59%，平均含量为 28%，岩屑种类包含了沉积岩、变质岩及岩浆岩三大岩类，其中沉积岩岩屑平均含量为 5%，以泥岩为主；变质岩岩屑平均含量为 12%，多为石英岩、片岩、千枚岩；岩浆岩岩屑平均含量为 10%，多为花岗岩。砂岩杂基以泥质、铁泥质为主；胶结物种类比较多，有方解石、白云石、硅质及硬石膏，以方解石胶结为主，平均含量为 8.5%，胶结致密，胶结类型以孔隙型为主，压嵌-孔隙型为辅。碎屑颗粒主要为次棱-次圆状，部分为次棱角状，分选好-中等。颗粒间以点-线接触为主。

三、克深区块巴什基奇克组岩石学特征

克深区块巴什基奇克组普遍埋深较大，在 6500m 以下。区内巴什基奇克组发育完整，但多数井未钻穿该层段。

（一）克深区块巴什基奇克组第一段岩石学特征

克深区块巴什基奇克组第一段砂岩主要为红褐色楔状交错层理细砂岩及红褐色含泥砾细砂岩。砂岩类型主要为岩屑质长石砂岩、其次为长石质岩屑砂岩［图3-2（a）］。其中石英含量为40%～56%，平均含量为46.5%；长石含量为25%～38%，平均含量为31%，以钾长石为主；岩屑含量为12%～28%，平均含量为22%，岩屑种类包含沉积岩、变质岩及岩浆岩三大岩类，其中沉积岩岩屑平均含量为3%，以泥岩为主；变质岩岩屑平均含量为11.7%，多为石英岩、片岩、千枚岩；岩浆岩岩屑平均含量为7.6%，多为花岗岩。砂岩杂基以泥质为主；胶结物以碳酸盐胶结物为主，主要为方解石、白云石，还有少量硅质、硬石膏及重晶石，其中方解石胶结物平均含量为3.8%，白云石胶结物平均含量为2.4%，胶结致密，胶结类型以孔隙型为主，兼有孔隙-压嵌型、加大-孔隙型。碎屑颗粒主要为次棱角状为主，分选好。颗粒间以点线接触为主。据X衍射分析，克深区块白垩系巴什基奇克组第一段黏土矿物以伊/蒙混层（平均相对含量约为62%）为主，其次为伊利石（平均相对含量约为28%）、绿泥石（平均相对含量约为7%）、高岭石（平均相对含量约为3%）。

（二）克深区块巴什基奇克组第二段岩石学特征

克深区块巴什基奇克组第二段砂岩主要为红褐色细砂岩。砂岩类型主要为岩屑质长石砂岩、长石质岩屑砂岩，其次为长石砂岩、长石岩屑质石英砂岩［图3-2（b）］，其中石英含量为30%～60%，平均含量为48%；长石含量为18%～45%，平均含量为30.9%，以钾长石为主；岩屑含量为3%～40%，平均含量为16.1%，岩屑种类包含沉积岩、变质岩及岩浆岩三大岩类，其中沉积岩岩屑平均含量为3%，以砂岩岩屑为主；变质岩岩屑平均含量为9%，多为石英岩、片岩、千枚岩；岩浆岩岩屑平均含量为6%，主要为酸性喷出岩。砂岩杂基以泥质、铁泥质为主；胶结物种类比较多，有方解石、白

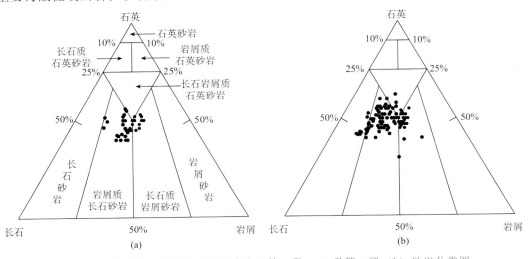

图 3-2　库车拗陷克深区块巴什基奇克组第一段（a）及第二段（b）砂岩分类图

云石、铁白云石、硅质及硬石膏，以方解石胶结为主，平均含量为 7.4％，胶结致密，胶结类型以孔隙型为主，加大-孔隙型、压嵌-孔隙型为辅。碎屑颗粒主要为次棱状为主，其次为棱角-次棱角状，分选中等-好。颗粒间以点-线接触为主。据 X 衍射和扫描电镜分析，克深区块白垩系巴什基奇克组第二段黏土矿物以伊/蒙混层（平均相对含量约为 48％）为主，其次为伊利石（平均相对含量约为 32％）、绿泥石（平均相对含量约为 15％）、高岭石（平均相对含量约为 5％）。

（三）克深区块巴什基奇克组第三段岩石学特征

克深区块巴什基奇克组第三段砂岩主要为红褐色细砂岩及红褐色含砾细砂岩。砂岩类型主要为长石质岩屑砂岩，少量岩屑质长石砂岩［图 2-5（c）］。其中石英含量为 40％～65％，平均含量为 48.6％；长石含量为 12％～27％，平均含量为 22.8％，以钾长石为主；岩屑含量为 3％～40％，平均含量为 23.4％。岩屑种类包含了沉积岩、变质岩及岩浆岩三大岩类，其中沉积岩岩屑平均含量为 3.6％，以泥岩为主；变质岩岩屑平均含量为 10.2％，多为石英岩、片岩；岩浆岩岩屑平均含量为 12.4％，多为酸性喷出岩。砂岩杂基以铁泥质为主；胶结物种类比较多，有方解石、白云石及硅质，以方解石胶结为主，平均含量为 6.5％，胶结致密，胶结类型以孔隙型为主。碎屑颗粒主要为次棱状，其次为次棱-次圆状，分选好。颗粒间以点-线接触为主，线接触为辅。

三个区块比较而言，巴什基奇克组储层岩屑类型一致，均以变质岩岩屑为主；填隙物均以泥质、铁泥质为主；在机械分异作用和沉积微相控制下，克拉苏断裂下盘的大北区及克深区砂岩成熟度较上盘克拉区略有增高。

第二节　储层储集空间类型及特征

根据岩心观察、铸体薄片、扫描电镜的观察和统计，研究区内储层主要储集空间可归纳为孔隙型和裂缝型两种。镜下孔隙几何形态复杂多样，包括原生孔隙和次生孔隙两大成因类型。

不同区块砂岩储层的主要储集空间是不同的。以巴什基奇克组第二段为例，克拉区块储层储集空间主要为原生粒间孔、粒间溶孔及少量的粒内溶孔、铸模孔及裂缝。大北区块储层储集空间主要为粒间孔（包括原生粒间孔、粒间溶孔），其次为粒内溶孔及微孔隙，镜下可见少量裂缝（岩心观察中可见网状缝、高角度缝）。克深区块储层储集空间主要为粒间孔（包括粒间溶孔、原生粒间孔）及裂缝（岩心观察中可见高角度裂缝），且克深区块的溶蚀孔（粒间溶孔、粒内溶孔）较大北区块更发育。统计发现，巴什基奇克组储层储集空间总面孔率普遍较低，克拉区块储层最大面孔率约为 18％，大北区块约为 9％，克深区块约为 6％；且次生孔隙为储层较为重要的储集空间，克拉区块次生孔隙所占比例约为 65％，大北区块及克深区块分别占约为 40％、60％。

原生孔隙为岩石原始沉积下来就已经形成并保存至今的孔隙（朱世发等，2008），可细分为粒间压实残余孔和粒间胶结充填残余孔。克拉区块原生孔隙保存最好，其原生孔隙所占比例约为 35％。大北区块及克深区块巴什基奇克组储层埋深较大（5300～

8300m），经历强烈的压实胶结等成岩作用，总孔隙度偏低，原生孔隙保存较少但意义重大，保存至今的主要可见粒间压实残余孔、粒间石英次生加大后的残余原生孔、粒间碳酸盐部分胶结充填后的残余原生孔［图 3-3（a）］。

次生孔隙是指在岩石埋藏过程中，由各种淋滤、溶蚀、交代等成岩作用或其他地质因素，如构造作用等形成的孔隙，主要为粒间溶蚀孔、粒内溶孔、粒缘溶孔、构造溶蚀缝、微孔隙、铸模孔等。在克拉苏构造带三个区块内，镜下均可见溶蚀次生孔隙［图 3-3（a）～（d）］，以克拉区块最为发育［图 3-3（b）］。镜下见到的主要为方解石胶结物溶蚀形成的粒间溶蚀孔，还有长石、岩屑等颗粒内部部分溶蚀形成粒内溶蚀孔，也可见颗粒完全溶蚀，隐见原颗粒轮廓，形成铸模孔，以及长石及岩屑颗粒边缘溶蚀形成的粒缘溶蚀孔，孔隙边缘形态呈港湾状，微孔隙主要在大北区块较为发育，其多为自生矿物的细微孔隙，如自生高岭石晶间微细孔。微孔隙在偏光显微镜下比较难辨认，在扫描电镜下较为清晰。

裂缝在研究区大北区块及克深区块非常发育，镜下裂缝主要可见颗粒在构造应力作用下破碎形成网状压碎缝［图 3-3（c）］，也可表现为切穿颗粒的构造缝［图 3-3（d）］，呈线状侧列分布，沿裂缝常伴随溶蚀现象；另外还有泥质杂基脱水收缩形成的收缩缝，呈树枝状分叉展布。岩心观察中大北区块及克深区块岩心可见丰富高角度裂缝［图 3-3（e）、（f）］，裂缝的存在为深埋藏的储层提供了有效的储集空间，也为深部储层高产提供有利条件。

(a)

(b)

(c)

(d)

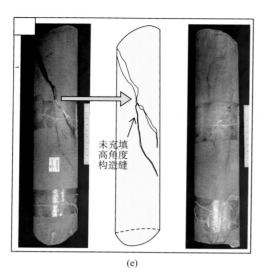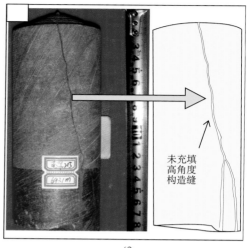

(e)　　　　　　　　　　　　　(f)

图 3-3　克拉苏构造带巴什基奇克组储集空间类型

（a）克深 202 井，6797.28m，红色铸体，粒间原生孔及粒间溶蚀孔；（b）克拉 2 井，3741.72m，红色铸体，粒间溶蚀孔；（c）大北 202 井，5713.75m，网状裂缝，伴随溶蚀现象；（d）大北 202 井，5790m，裂缝切碎颗粒，伴随溶蚀现象；（e）大北 204 井，5969.5m，高角度缝，未充填；（f）克深 205 井，6931m，高角度缝，未充填

第三节　储层低孔低渗特征

储层物性特征通常用孔隙度及渗透率等参数来表征。在岩样物性分析过程中，由于样品所限，实验数据可能只反映了砂岩储层局部的孔渗性，还需要考虑裂缝等因素对储层砂岩物性的影响。该研究利用岩心样品实测物性数据进行分析，结果表明，由于沉积背景、沉积岩性和成岩作用等因素的差异影响，克拉苏构造带不同区块白垩系巴什基奇克组不同岩性段储层物性特征不同。平面上，克拉区块储层埋深相对浅（2300～4400m），发育中低孔、中渗储层；大北区块和克深区块储层埋深相对深（5300～8300m），储层具有特低孔、特低渗特征。垂向上比较，巴什基奇克组第二段储层物性最好，巴什基奇克组第三段储层物性最差。

一、克拉区块埋藏相对浅，中粗砂岩储层质量较好

库车拗陷克拉区块巴什基奇克组 8 口取心井的岩心物性测试资料分析表明，克拉区块巴什基奇克组第一段岩样孔隙度为 2.91%～21.12%，平均孔隙度为 12.47%，渗透率为 0.009×10^{-3}～$306\times10^{-3}\mu m^2$，平均渗透率为 $13.20\times10^{-3}\mu m^2$；克拉区块巴什基奇克组第二段岩样孔隙度为 2.49%～22.4%，平均孔隙度为 14.58%，渗透率为 0.01×10^{-3}～$1770\times10^{-3}\mu m^2$，平均渗透率为 $84.77\times10^{-3}\mu m^2$；克拉区块巴什基奇克组第三段岩样孔隙度为 1.11%～18.4%，平均孔隙度为 8.29%，渗透率为 0.004×10^{-3}～$312\times10^{-3}\mu m^2$，平均渗透率为 $12.82\times10^{-3}\mu m^2$。根据胡文瑞（2009）对储层类型和低

渗透储层的划分特点，为典型的中低孔、中渗储层。

显然，克拉区块不同层段储层物性差异明显，垂向上对比巴什基奇克组第二段物性最好，第三段物性最差（图 3-4）。孔隙度与渗透率呈明显正相关（图 3-5），说明渗透率的变化主要受孔隙发育程度的控制。不同岩性储层物性对比结果表明，中粗砂岩相物性最好（平均埋深为 3845m），平均孔隙度为 14%，渗透率为 $76.86 \times 10^{-3} \mu m^2$；细砂岩相其次（平均埋深为 3787m），其平均孔隙度为 12.57%，渗透率为 $16 \times 10^{-3} \mu m^2$；粉砂岩相最差（平均埋深为 3765m），其平均孔隙度为 8.79%，渗透率为 $1.41 \times 10^{-3} \mu m^2$。

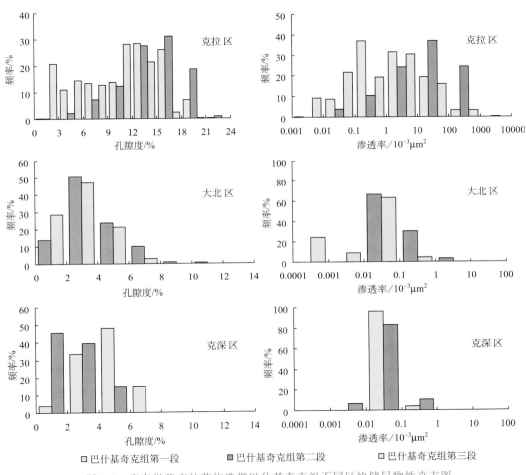

图 3-4 库车拗陷克拉苏构造带巴什基奇克组不同区块储层物性直方图

二、大北区块深部储层为低孔特低渗储层，裂缝改善储层质量

库车拗陷大北区块巴什基奇克组多口取心井的岩心物性测试资料分析表明，大北区块巴什基奇克组第二段岩样孔隙度为 1.11%～11.21%，平均孔隙度为 3.73%；渗透率

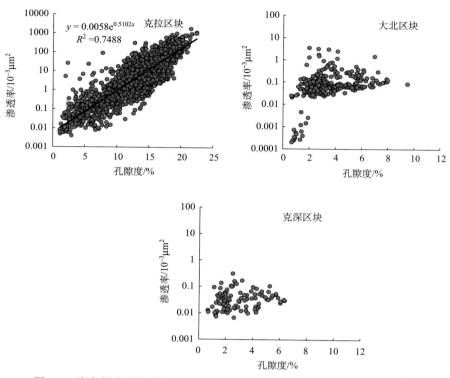

图 3-5　库车拗陷克拉苏构造带巴什基奇克组储层孔隙度和渗透率分布图

为 $0.02\times10^{-3}\sim3.46\times10^{-3}\,\mu m^2$，平均渗透率为 $0.18\times10^{-3}\,\mu m^2$。大北区块巴什基奇克组第三段岩样孔隙度为 $0.64\%\sim7.27\%$，平均孔隙度为 3.07%；渗透率为 $0.0002\times10^{-3}\sim0.21\times10^{-3}\,\mu m^2$，平均渗透率为 $0.04\times10^{-3}\,\mu m^2$。巴什基奇克组第二段物性明显好于第三段（图 3-4）。根据胡文瑞（2009）对储层类型和低渗透储层的划分特点，为典型的特低孔、特低渗透储层。孔隙度和渗透率相关性较差（图 3-5），相同孔隙度的样品，其渗透率相差可达 1000 倍，而相同渗透率的样品，孔隙度值相差约 8%，这表明大北区块砂岩储层微观孔隙结构复杂多样，不均匀分布裂缝或大溶孔对储层物性有较大影响。

大北区块巴什基奇克组第二段岩心样品组成比较而言，细砂岩相居多，中粗砂岩相、粉砂岩相其次，没有砂砾岩相。埋深偏大的中粗砂岩相物性反而比埋深浅的粉砂岩相物性好，说明物性有效性与岩性粒度有关。大北区块裂缝发育较好，单井成像测井裂缝特征定量解释结果表明（表 3-1，详见第六章），在 $5500\sim6500m$ 井段，裂缝较为发育，正是由于裂缝对孔隙度渗透率的贡献，改善了储集体物性（由于深度大，6500m 以下岩心仅 8.5m，样品点较少）。由大北区块方解石胶结物含量与深度的关系图可以看出（图 3-6），在 $5500\sim6500m$ 井段，方解石胶结物含量偏低，成岩强度定量计算也发现，这一井段视溶蚀率偏高（详见第五章）。

表 3-1 库车拗陷大北区块巴什基奇克组单井成像测井裂缝特征定量解释参数统计

井段/m	巴什基奇克组				备注
	裂缝视孔隙度/%		裂缝长度/m		
	最大	平均	最大	平均	
5000～5500	0.21	0.05	10.68	4	
5500～6000	0.58	0.17	21.69	8.07	裂缝发育带
6000～6500	0.38	0.09	30.33	7.9	裂缝发育带
6500～7000	0.16	0.08	6.2	4.3	取心井段少

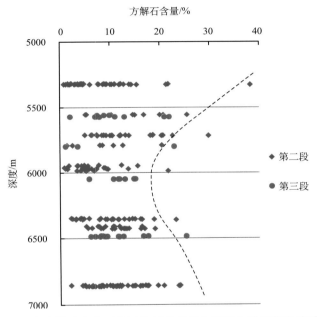

图 3-6 库车拗陷大北区块巴什基奇克组方解石含量与深度关系图

大北区块巴什基奇克组储层在不同岩相类型中，中粗砂岩相物性最好，其平均埋深为 6856m，平均孔隙度为 5.05%，渗透率为 $0.28 \times 10^{-3} \mu m^2$；细砂岩相物性其次，但其最为发育，平均埋深为 6020m，平均孔隙度为 3.59%，渗透率为 $0.164 \times 10^{-3} \mu m^2$；粉砂岩相最差，其平均埋深为 5956m，平均孔隙度为 2.48%，渗透率为 $0.06 \times 10^{-3} \mu m^2$；其中 5500～6500m 埋深段裂缝较为发育，溶蚀作用也比较强，为有利储层发育段。

三、克深区块储集层为低孔特低渗储层

库车拗陷克拉苏构造带克深区块巴什基奇克组多口取心井的岩心物性测试资料表明，克深区块巴什基奇克组第一段岩样孔隙度为 1.81%～6.37%，平均孔隙度为 4.51%，渗透率为 0.01×10^{-3}～$0.11 \times 10^{-3} \mu m^2$，平均渗透率为 $0.04 \times 10^{-3} \mu m^2$；克深

区块巴什基奇克组第二段岩样孔隙度为 $0.65\%\sim5.72\%$，平均孔隙度为 2.39%，渗透率为 $0.007\times10^{-3}\sim0.31\times10^{-3}\mu m^2$，平均渗透率为 $0.05\times10^{-3}\mu m^2$；克深区块巴什基奇克组第三段埋深大，无取心资料。根据胡文瑞（2009）对储层类型和低渗透储层的划分标准，克深区块巴什基奇克组储层为典型的特低孔、特低渗透储层。克深区块储层孔隙度和渗透率相关性较差（图 3-5），说明储层基质的渗透性和连通性偏差。

克深区块不同岩性储层物性对比结果表明，在埋深条件相似的情况下，中粗砂岩相物性最好（平均埋深为 6573m），平均孔隙度为 4.19%，渗透率为 $0.033\times10^{-3}\mu m^2$；细砂岩相其次（平均埋深为 6813m），其平均孔隙度为 2.77%，渗透率为 $0.052\times10^{-3}\mu m^2$；粉砂岩相最差（平均埋深为 6887m），其平均孔隙度为 1.59%，渗透率为 $0.039\times10^{-3}\mu m^2$。

四、大北-克深-克拉三区块储层物性特征对比研究

通过前述分析可知，纵向上克拉苏构造带巴什基奇克组第二段储层物性最好，巴什基奇克组第一段次之，巴什基奇克组第三段储层物性最差（图 3-4）。不同岩相储集层物性特征也有差异，埋深相近时，中粗砂岩相物性最好，细砂岩相其次，其沉积微相以三角洲前缘水下分流河道为主，砂砾岩相次之，粉砂岩相最差。不同岩相储集层的物性统计见表 3-2。通过对克拉苏构造带巴什基奇克组储层岩心物性与深度关系的分析（图 3-7），可以看出，储层物性表现出由浅至深逐渐降低的趋势，但在 3600～4400m 井段（克拉区块）、5500～6500m 井段（大北区块）及 6700～6800m 井段（克深区块）存在孔隙度和渗透率较高的有利孔渗发育带。

表 3-2　库车拗陷克拉苏构造带巴什基奇克组不同岩相储层物性

不同岩相	孔隙度/%			渗透率/$10^{-3}\mu m^2$		
	最小值	最大值	平均值	最小值	最大值	平均值
粉砂岩相	0.65	18.66	6.45	0.0006	112.30	2.86
细砂岩相	0.64	22.40	10.89	0.0002	1130	30.36
中粗砂岩相	1.18	22.39	12.70	0.0067	1770	66.44
砂砾岩相	1.71	13.10	4.75	0.019	89.80	3.19

巴什基奇克组储层孔隙度高值区主要分布于克拉苏断裂带上盘地区（图 3-8～图 3-10）。平面上，巴什基奇克组储层物性具有"南北分带，自北向南储层物性逐渐变差，断裂上盘物性明显好于断裂下盘；东西相带控储分异，三角洲扇体砂体物性明显好于三角洲扇间"的典型特征。以巴什基奇克组第二段为例，从南北向，位于辫状河三角洲前缘水下分流主河道的克拉 203 井，其储层平均孔隙度为 13.3%，向南储层物性变差，如克深 201 井储层平均孔隙度为 6.5%；自东向西，位于克深 7 井区—克拉 204 井区辫状河三角洲扇体边缘的克深 7 井，其储层平均孔隙度为 5.3%，较扇体中部克深 202 井储层物性差，克深 202 井储层平均孔隙度为 7.2%。

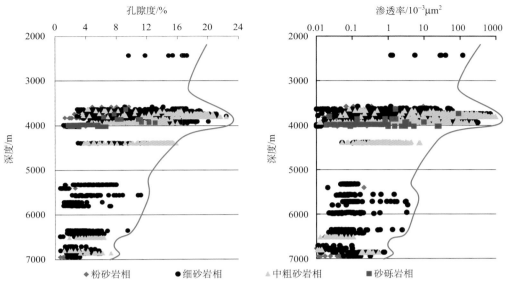

图 3-7　库车拗陷克拉苏构造带巴什基奇克组孔隙度和渗透率垂向分布图

第四节　储层孔喉结构特征

061

　　储层孔隙结构从微观上反映储层的质量，孔隙及喉道的大小、分布及其相互连通的关系决定了储层的储集性能。本书主要依据压汞分析测试资料对巴什基奇克组储层孔喉结构特征进行分析，分析资料来源为大北区块及克深区块巴什基奇克组第二段储层。

　　大北区块 109 块岩样压汞样品分析统计表明，其排驱压力相对较高，中值压力平均值为 15.20MPa，排驱压力平均值为 4.02MPa，最大孔喉半径平均值为 6.29μm，平均孔喉半径平均值为 0.45μm。克深区块 33 块岩样压汞样品分析表明，其中值压力平均值为 32.02MPa，排驱压力平均值为 4.33MPa，最大孔喉半径为 0.05~7.57μm，平均值为 0.64μm，平均孔喉半径平均值为 0.09μm。

　　根据毛管压力曲线特征，可将其分为Ⅰ类、Ⅱ类、Ⅲ类、Ⅳ类四种类型(图 3-11)。

　　(1) Ⅰ类曲线：样品岩性主要为细砂岩。排驱压力小于 0.3MPa，中值压力小于 5MPa，孔喉半径大于 1μm，孔隙度大于 9%，渗透率大于 1×10^{-3} $μm^2$。这类曲线不光滑，在大北区块样品中约占 10%，克深区块样品中未见，可能存在大溶孔或是裂缝，一般而言，有裂缝的岩样较难取样开展毛管压力实验，因此实际这类储层所占比率应该更大一些。

　　(2) Ⅱ类曲线：样品岩性主要为细砂岩。与Ⅰ类相比，排驱压力和中值压力稍高，排驱压力为 0.3~4MPa，中值压力为 5~15MPa，孔喉半径分布于 0.4~1μm，孔隙度为 6%~9%，渗透率为 0.1×10^{-3}~1×10^{-3} $μm^2$。这类曲线对应于区内较好储层，大北区块分析样品中占 10%，克深区块这类曲线对应样品约 6%。

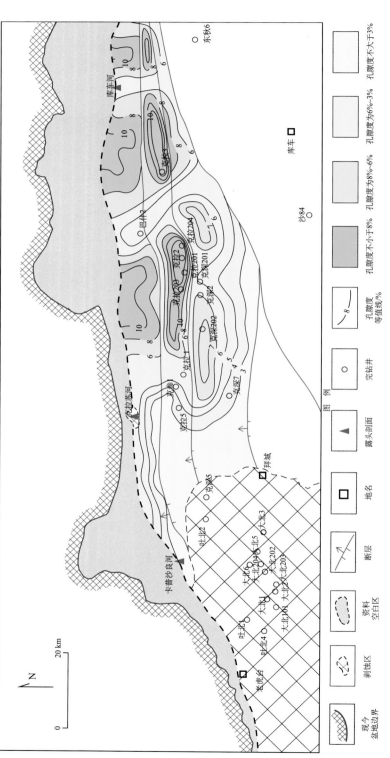

图 3-8 库车拗陷克拉苏构造带巴什基奇克组第一段孔隙度平面分布图

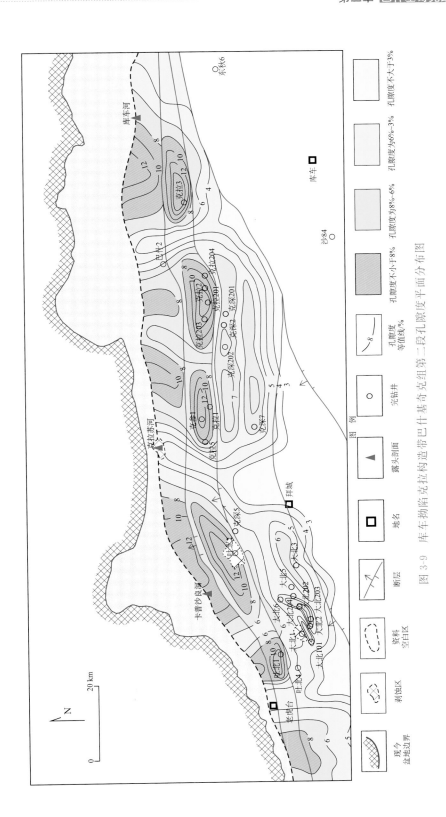

图 3-9 库车拗陷克拉构造带巴什基奇克组第二段孔隙度平面分布图

064

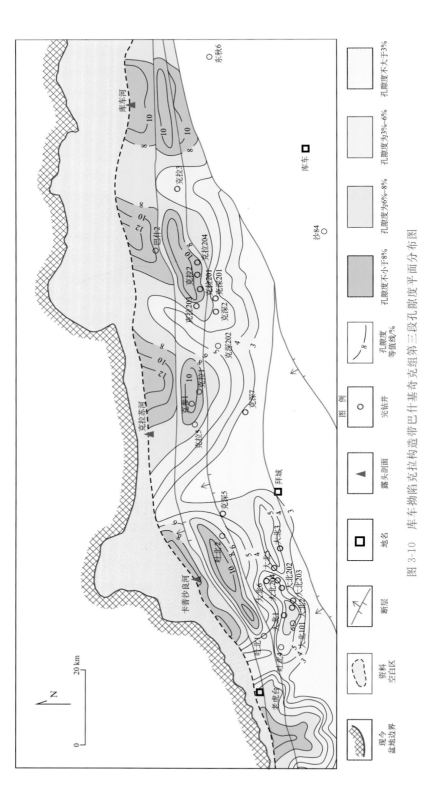

图 3-10　库车坳陷克拉构造带巴什基奇克组第三段孔隙度平面分布图

（3）Ⅲ类曲线：样品岩性主要为细砂岩、含砾细砂岩。呈略向下凹曲线形，排驱压力为 3～6MPa，中值压力为 10～20MPa，孔喉半径主要分布于 0.4～0.1μm，孔隙度为 3.5%～6%，渗透率为 0.055×10^{-3}～0.1×10^{-3} μm²。这类曲线对应于区内中等储层，大北区块分析样品中占 30%，克深区块样品中约 24%。

（4）Ⅳ类曲线：样品岩性主要为细砂岩。呈向上凸曲线形，排驱压力大于 6MPa，中值压力大于 20MPa，孔喉半径小于 0.063μm，孔隙度小于 3.5%，渗透率小于 0.055 $\times10^{-3}$ μm²。这类曲线对应于区内较差储层，大北区块分析样品中约占 50%，克深区块样品中约 70%。

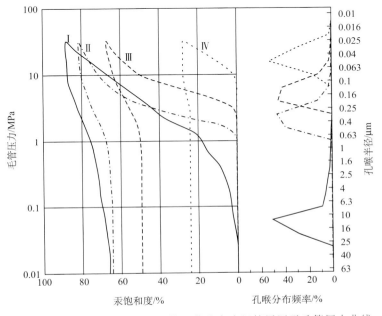

图 3-11　库车拗陷克拉苏构造带巴什基奇克组储层压汞毛管压力曲线

第五节　有效储层下限的确定

有效储层是指能够储集和渗流流体（主要为烃类、地层水），在现有工艺技术条件下能够开采出来具有工业价值产液量和流体的储集层。有效储层采出的流体，既可以是烃类石油、天然气，也可以是水，因此有效储层也包含水层、气层等。干层则是指储集物性差、产液量低于干层产量标准的岩层。有效储层的下限是指储集层能够成为有效储层所具有的最低物性，通常用孔隙度、渗透率下限值来度量。

前人对确定有效储层物性下限的方法做过很多探索，其中较为成熟的方法如测试方法、含油产状法、孔隙度-渗透率交汇法、钻井液侵入法及分布函数曲线法等（郭睿，2004；王艳忠等，2008；操应长等，2009）。有学者就研究区深部有效储层深度下限做过研究（王波等，2011），利用孔隙度下限值 3.5% 反求有效储层埋深的深度下限。考虑到有效储层物性随深度变化，并不是某一固定值，这就需要求取与深度相关的物性下限。本书综合岩心、测井、压汞、试油等资料，求取克拉苏构造带巴什基奇克组不同埋藏深度条件下有效储层的物性下限，运用回归分析方法实现物性下限与深度之间的动态拟合，并预测研究区巴什基奇克组有效储层可能的埋深下限区间。

一、基于测井解释资料求取储层物性下限

利用测井资料求取不同埋藏深度下有效储层的物性下限主要包括分布函数曲线法、含水饱和度与孔隙度渗透率关系法等方法（每种方法以典型井图示例，下同）。

（一）分布函数曲线法

分布函数曲线法是基于统计学，在同一坐标系内绘制有效储层和非有效储层的物性频率分布曲线，两曲线交点所对应的数值为有效储层的物性下限值（万玲和孙岩，1999），其中有效储层包括气层、差气层、含水气层及水层，非有效储层指干层。从理论上讲，如果频率分布曲线精准的表现了有效储层和非有效储层（干层）的物性频率分布，那么这两条曲线的交点（若存在）频率值即为零，其对应的物性值即为储层的下限值。而在无法确定混杂率的情况下，可将两线交点作为有效与非有效储层的划分界限。在统计学中，当两个样本总体分布有相互混合和交叉时，区分这两个样本的界限定在二者损失概率相等的地方，这样两者损失之和最小（万玲和孙岩，1999），在概率曲线分布图上即为两条曲线相交处，故可取交点值作为划分有效储层的下限。

研究区储集层的取心资料相对较少，白垩系巴什基奇克组的钻井取心长约占其地层进尺的 5%，而测井资料相对丰富，利用测井解释的孔隙度和渗透率资料数据对克拉苏构造带 15 口井进行分析，获得不同深度有效储层物性下限，其中最小孔隙度下限值为 3%［图 3-12（a）］，最小渗透率下限为 $0.045 \times 10^{-3} \mu m^2$［图 3-12（b）］。

（二）含水饱和度上限值法

含水饱和度上限值方法是指产油气储层对应最高含水饱和度时的储层物性下限数值。一般利用相对渗透率分析资料来求取，对储层岩心进行相对渗透率研究，绘制相对渗透率曲线（图 3-13）。在实际应用过程中，一般取油、水相相对渗透率交点（等渗点 S_{w2}）对应的含水饱和度作为储层的含水饱和度上限值，因为如取临界含水饱和度（S_{w1}）作为上限值，会漏掉部分油水同层，导致有效厚度减少（气相同理）。在缺乏相对渗透率分析资料的情况下，含水饱和度上限值一般凭经验取 50%（崔永斌，2007）。

克拉苏构造带的测井综合解释中一般把含油饱和度小于 40% 的，归为水层或干层。因此，克拉苏构造带巴什基奇克组有效储层的含水饱和度上限值取 60%，并利用含水饱和度和物性相关性来计算孔隙度、渗透率下限，回归相关性小于 70% 的值均弃之，采用此法求取的巴什基奇克组有效储层最小孔隙度下限值为 2.63%［图 3-12（c）］，最小渗透率下限值为 $0.044 \times 10^{-3} \mu m^2$［图 3-12（d）］。

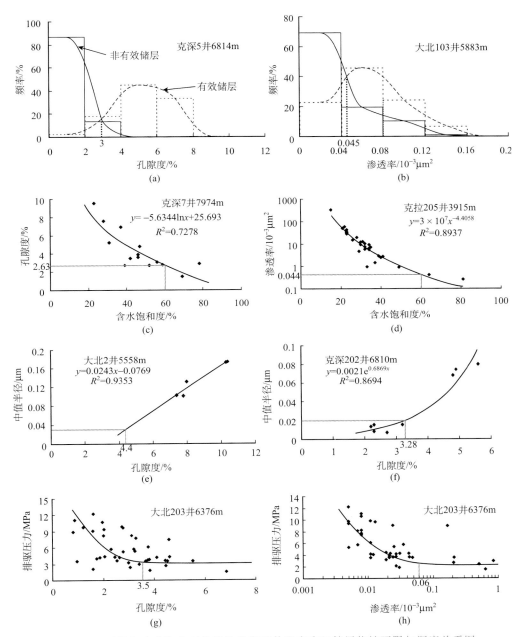

图 3-12 不同方法求取的克拉苏构造带巴什基奇克组储层物性下限与深度关系图

(a)、(b) 为分布函数曲线法；(c)、(d) 为含水饱和度上限法；

(e)、(f) 为最小有效孔喉半径法；(g)、(h) 为排驱压力法

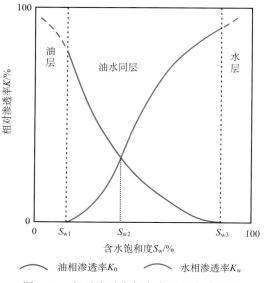

图 3-13 相对渗透率与含水饱和度关系图

二、基于压汞资料物性下限求取储层物性下限

利用压汞分析测试资料求取储集层不同埋藏深度下有效储层的物性下限的方法包括最小喉道法、排驱压力法等。

（一）最小喉道法

储层中的孔隙可分为两种：一种为有效孔隙，由大于束缚水膜厚度的喉道连通，其中贮存的流体在一定压差条件下是可以流动的；另一种为无效孔隙，由小于束缚水膜厚度的喉道连通，孔隙度被束缚水饱和，流体几乎无法流动（崔永斌，2007；张春等，2010）。当连通有效孔隙的喉道大于束缚水膜厚度时，既能储集流体又能使流体渗流的最小孔喉通道称为最小流动孔喉半径（裴怿楠和陈子琪，1996）。据前人研究，在含油层中，最小流动孔喉半径一般取 $0.1\mu m$，该值大致相当于水湿性碎屑岩表面附着的水膜厚度，储集层中油驱替水需要克服很高的毛管压力，当储层的孔喉小于 $0.1\mu m$ 时，油难以进入储集层形成有效储层，因此，可以把孔喉半径 $0.1\mu m$ 作为有效储集层（一般为油层）的孔喉下限（崔永斌，2007；张春等，2010）。

根据克拉苏构造带实际情况，区内主要产出天然气，结合大北井区 5 口井、克深区块 3 口井的压汞资料，可取累积渗透率贡献值为 99.99% 所对应的孔喉半径为最小有效孔喉半径。根据孔喉半径与物性的关系，求取物性下限。大北井区 5 口井 128 块样品压汞资料，其最小中值半径为 $0.012\mu m$，最大中值半径为 $0.9447\mu m$，中值半径主要分布区间为 $0.012\sim0.084\mu m$，而这一区间的样品个数占到总数的 84.72%（表 3-3），结合孔喉半径对累积渗透率的贡献值，大北区块取 $0.03\mu m$ 作为最小有效中值半径。同理，克深区块数据见表 3-3，克深区块最小中值半径取 0.02μm。最小中值半径与物性回归相关性小于 70% 的数据点均未采用，利用此法求取有效储层的孔隙度下限大北区为 4.4%［图 3-12（e）］，克深区为 3.28%［图 3-12（f）］。

表 3-3　库车拗陷克拉苏构造带巴什基奇克组储层孔喉中值半径统计表

区块	样品数	中值半径			
		最小值/μm	最大值/μm	主要分布区间/μm	主区间频率/%
大北区块	128	0.012	0.9447	0.012~0.084	84.72
克深区块	33	0.0068	0.4589	0.0068~0.1	90.32

（二）排驱压力法

排驱压力法实际上是最小有效孔喉法的一种变相方法。在实际操作过程中，由于最小孔喉半径值的确定存在较大难度和不确定性，使得最小孔喉半径法求取有效储层下限值具有一定局限性，而如果使用排驱压力代替最小有效孔喉半径，与物性交汇求取下限，更具有实际操作性（于雯泉等，2011）。理论上来说，随着孔喉半径的减小，岩样的物性也会降低。当孔喉半径减小到一定值时（最小有效孔喉半径），最小有效孔喉半径大小以下的孔喉对物性的贡献率及累积贡献率会非常低。因此，在排驱压力与物性的交汇图中，物性较好，孔喉半径较大时，水银顺利进入岩样中，排驱压力缓慢增大，基本持平不变；随着喉道半径越来越小，排驱压力越来越大，当喉道半径变小并达到一定值时，排驱压力迅速增加，进汞难度变大，此时的喉道半径就可认为是最小有效孔喉半径。因此，使用排驱压力与孔隙度、渗透率数据进行交汇，画出趋势线，以趋势线最大拐点处的物性值作为物性下限。实际研究过程中，数据点过少，不能看出趋势的井均未采用，利用排驱压力法求取有效储层的最小物性下限分别为：孔隙度 3.5%［图 3-12（g）］，渗透率为 $0.06 \times 10^{-3} \mu m^2$［图 3-12（h）］。

三、有效储层物性下限随着深度增加而减小

通过上述多种方法计算和分析可以得到克拉苏构造带不同区块在不同埋深条件下巴什基奇克组储集层有效储层的物性下限。将上述四种方法得到的结果进行比较发现：在相同或相近的埋藏深度范围内，采用分布函数曲线法、含水饱和度上限值法、最小有效孔喉半径法、排驱压力法等方法计算的物性下限值基本一致，说明所采用的计算方法是可行的，计算结果是可靠的。但由于受到计算方法、统计区间精度、基础资料精度等限制，用不同方法计算的相近或相同埋深储集层有效储层物性的下限值还是存在一定误差，为了消除单一方法的误差，对采取上述多种方法获得的有效储层物性下限与深度进行回归拟合。通过拟合获得有效储层的孔隙度下限、渗透率下限与深度的函数关系方程（图 3-14），拟合方程式如下：

$$\Phi_{cutoff} = -6.4131\ln H + 60.52, \qquad R^2 = 0.7835 \qquad (3-1)$$

$$K_{\text{cutoff}} = 10^{17} \times H^{-4.848}, \qquad R^2 = 0.8822 \qquad (3\text{-}2)$$

式中，Φ_{cutoff} 为孔隙度下限值，%；K_{cutoff} 为渗透率下限值，$10^{-3}\mu\text{m}^2$；H 为埋藏深度，m。

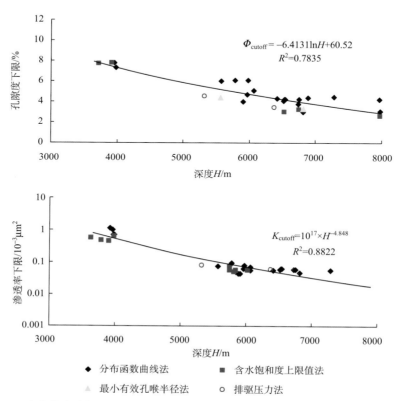

图 3-14　库车拗陷克拉苏构造带巴什基奇克组储集层有效储层物性下限与深度关系图

由上述动态方程可知，当储层埋深为 4000m 时，有效储层孔隙度下限为 7.33%，渗透率下限为 $0.34 \times 10^{-3}\mu\text{m}^2$；而当储层埋深为 7000m 时，有效储层孔隙度下限为 3.7%，渗透率下限为 $0.023 \times 10^{-3}\mu\text{m}^2$。一般而言，随着埋藏深度增加，地层压力增大。当流体进入储层时，对储层物性要求降低。因此，深层有效储层物性下限相对较小。由含水饱和度上限法求得的有效储层最小孔隙度下限为 2.63%，利用公式计算有效储层埋深下限为 8320m。这一深度与前人（王波等，2011）利用模型预测、测井孔隙度包络线法等方法预测的巴什基奇克组深度下限结果相吻合。

四、有效储层物性下限准确性的检验及讨论

利用上述有效储层物性下限与深度的动态关系，可以得知研究区白垩系巴什基奇克组在任意深度下的物性下限值。为了检验利用该公式计算结果的合理性，我们抽取了库车拗陷克拉苏构造带 5 口井，共计 14 个试油层段的结果对其进行检验（表 3-4）。若试

油结果为非有效储层（干层），则其平均孔隙度和渗透率参数值应低于拟合公式计算的物性下限值；若试油结果为有效储层（气层、水层、气水同层），则其平均孔隙度和渗透率参数值应高于拟合公式计算的物性下限值。检验结果正确率为 93%，仅大北 101 井 5790～5840m 试油层段的试油结果与下限计算结果不符，分析认为该测试层段厚度达 50m，试油解释结果精度可能偏低。综合检验结果认为，利用上述有效储层物性下限与深度的拟合方程计算求取有效储层物性下限是可靠的。

表 3-4 库车拗陷克拉苏构造带白垩系巴什基奇克组储层物性下限结果检验

井号	试油井段		日产量			试油结论	平均物性		物性下限		判别结果
	顶界 /m	底界 /m	油 /t	气 /10⁴m³	水 /m³		Φ /%	K /10⁻³μm²	Φ /%	K /10⁻³μm²	
克拉 2	3950	3955			0.13	干层	6	0.098	7.53	0.37	符合
	3937	3941			33.6	水层	11.6	6.4	7.56	0.37	符合
	3888	3895		23.78		气层	12.11	4.94	7.64	0.39	符合
	3918	3925			0.41	低产水层	8.22	1.52	7.59	0.38	符合
	3876	3878				干层	5.23	0.32	7.66	0.4	符合
	3803	3809		68.21		气层	13.78	25.88	7.78	0.44	符合
	3740	3750		71.71		气层	16.87	151.13	7.89	0.48	符合
	3567	3572		60.57		气层	15.18	153.95	8.20	0.6	符合
克拉 204	3925	3930		20		气层	16.45	8.87	7.58	0.38	符合
大北 101	5790	5840		17.83	103	气水同层	3.61	0.036	5.02	0.056	不符
	5725	5783		10.41		气层	5.76	0.077	5.08	0.059	符合
大北 103	5832	5855		少量	195	气层	5.45	0.066	4.98	0.055	符合
	5677	5687	6.9	26.67		含气水层	6.54	0.092	5.17	0.063	符合
克深 5	6703	6742	0	1.87	0	气层	4.7	0.063	4.07	0.028	符合

研究有效储层物性孔隙度下限与深度拟合关系图（图 3-14），不难发现不同深度的孔隙度下限值大多分布于回归曲线两侧。也就是说，孔隙度下限值可能存在一定区间范围。因此，按照样品点的分布范围，对回归曲线范围进行外扩，并求取上下两条曲线的函数表达式（图 3-15，数据点图例同图 3-14），曲线Ⅰ为孔隙度下限值的可能最大值与深度关系，曲线Ⅲ为孔隙度下限值的可能最小值与深度的关系。由图可以看出，当孔隙度下限值取 2.63% 时，深度下限可取 A 值～B 值（7280～9860m）；当对应深度下限取 8320m 时，物性下限取 D 值～C 值（1.69%～3.6%）范围均可作为有效储层物性范围。因此，三条曲线有着不同的地质意义，曲线Ⅱ为孔隙度下限与深度动态关系的表

达，曲线Ⅰ对有效储层极限深度下限（可能的最大值）（B 点，9860m）起约束作用，曲线Ⅲ对有效储层极限孔隙度下限（可能的最小值）（D 点，1.69%）起控制作用。理论上，克拉苏构造带有效储层孔隙度下限可为 1.69%，对应埋深下限为 9860m，显然油气勘探前景非常广阔。

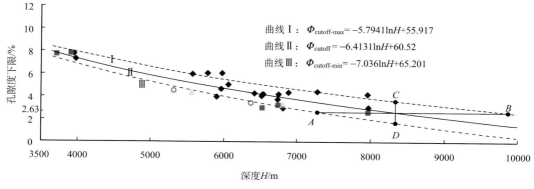

图 3-15　有效储层孔隙度下限与深度关系图

第四章 巴什基奇克组储层成岩作用及成岩序列

克拉苏构造带白垩系巴什基奇克组碎屑岩储层现今埋深为 2300～8300m（钻井揭示），克拉苏断裂上、下盘埋深差异大。在埋藏过程中，碎屑岩储层经历了较强的成岩作用。通过研究区内 30 余口井 260 余张岩石薄片和铸体薄片的镜下观察，明确巴什基奇克组储层主要经历了压实作用、胶结作用、溶蚀作用及破裂作用等成岩作用。压实作用以机械压实为主，化学压实（即压溶）较少。胶结作用主要为碳酸盐胶结、黏土矿物胶结及石英次生加大胶结。溶蚀作用主要为碳酸盐胶结物溶蚀、长石颗粒及少部分岩屑溶蚀。破裂作用形成的裂缝不仅形成储层有效储集空间，也改善了储层的渗流性能。

第一节　主要成岩作用类型及特征

一、压实作用

机械压实作用是指在上覆沉积物和水体静压力或构造变形压力的作用下，发生水分排出，碎屑颗粒紧密排列，软组分挤入孔隙，使孔隙体积缩小，孔隙度降低、渗透性变差的成岩作用。压实作用使得颗粒之间的接触关系由点接触到线接触再到凹凸接触，沉积物最终致密化。

克拉苏构造带巴什基奇克组储层以机械压实为主，压实作用较强。压实强度随地层埋深增加而增大。岩石颗粒接触关系与填隙物含量密切相关。在填隙物含量高的层段，压实作用相对较弱，颗粒多呈基底或悬浮式支撑。填隙物含量低的层段，则多呈线状接触。研究区巴什基奇克组碎屑岩储层为深埋特低孔、特低渗储层，原始孔隙保存较少，多为压实作用和胶结作用共同作用形成的剩余粒间孔。另外，随着沉积物上覆压力的增加，当温度压力达到一定条件时，碎屑颗粒的接触点处可发生化学压实作用即压溶作用。该区压溶作用主要表现为石英、长石颗粒的凹凸状接触，可见较多的石英次生加大边。

克拉区块位于克拉苏断裂带的上盘，目的层巴什基奇克组埋深浅，多小于 4000m，其压实作用强度相对于大北、克深区块低。颗粒接触关系以点接触和点线接触为主［图 3-3（b）］。镜下薄片观察表明，大北区块及克深区块巴什基奇克组储层颗粒主要接触关系为线状接触，随着埋深的增加，压实强度的增加，颗粒接触愈加紧密，接触关系由点线接触、线接触［图 4-1（a）］，向点线接触甚至局部凹凸状接触过渡［图 4-1（b）、（c）］，说明自上而下压实作用呈变强趋势。克深区块凹凸状接触比例最大，表明其压实作用最强。巴什基奇克组储层镜下压实作用还表现为：颗粒长轴大致定向排列［图 4-1

(d)、(e)];塑性岩屑挤压变形,黑云母的压弯变形 [图 4-1 (f)]及软岩屑被挤压成假杂基;石英及长石等刚性颗粒被压形成裂纹 [图 4-1 (a)、(b)],这种颗粒裂纹可被后期硬石膏、方解石等胶结物充填或形成储集空间。大北及克深区块镜下原生孔隙保存少(多低于 8%),甚至镜下基本无可视孔隙 [图 4-1 (c)]。

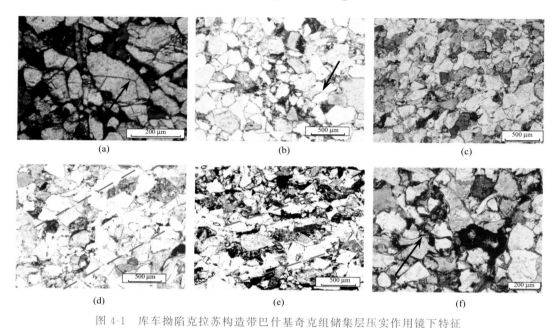

图 4-1　库车拗陷克拉苏构造带巴什基奇克组储集层压实作用镜下特征

(a) 克深 5 井,6780m,铸体薄片,颗粒被压碎,粒间方解石充填;(b) 大北 6 井,6854.5m,铸体薄片,多见石英颗粒裂纹及次生加大,颗粒线状或凹凸状接触,少见剩余粒间孔,蓝色铸体;(c) 克深 201 井,6509.45m,铸体薄片,颗粒间线-凹凸接触,镜下无可视孔隙;(d) 大北 6 井,6854.87m,铸体薄片,长石颗粒定向排列,分选较好,石英次生加大,可见较小的粒间溶孔,红色铸体;(e) 克深 202 井,6855.55m,铸体薄片,长石颗粒定向排列,胶结致密,红色铸体;(f) 克深 207 井,6795.35m,铸体薄片,云母被压弯变形,还可见粒间溶孔,红色铸体

不同粒径的镜下薄片孔隙发育程度对比分析表明,随着岩石粒度变粗,岩石压实作用相对较弱。这是由于粗粒碎屑颗粒具有良好的支撑作用或具有较好的抗压性能,加之较粒颗粒磨圆度差,在埋藏受压的过程中不易发生滚动,一定程度上保护了储层储集空间。相对来说,克拉苏构造带中粗砂岩抗压性能较强,粉细砂岩抗压性能较低,储层物性差。如早期具有较为明显的碳酸盐胶结,也表现出碎屑颗粒的压实作用受到抑制。

二、胶结作用

胶结作用是指含矿物质的孔隙水在砂岩孔隙中发生化学沉淀作用,析出的晶体将碎屑沉积物胶结成岩的作用。库车拗陷克拉苏构造带巴什基奇克组砂岩中主要胶结物为碳酸盐矿物。胶结作用是使砂岩储层中孔隙度和渗透率纵向和平面变化的主要因素之一:一方面胶结物占据储层中原生孔隙空间、堵塞喉道,破坏储层物性,造成巴什基奇克组砂岩储层具有特低孔、特低渗的特点；另一方面，早期形成的胶结物又可以抑制压实作用，受后期流体影响，发生溶蚀，产生次生孔隙，从而改善储层物性。

库车拗陷克拉苏构造带巴什基奇克组储层胶结类型以孔隙式胶结为主，约占73.66%，孔隙-镶嵌式次之，约占12.34%，孔隙-基底式约占7.78%，孔隙-接触式、基底式、接触式及镶嵌式胶结类型较少（图4-2）。统计过程中发现，克拉区块、大北区块、克深区块均以孔隙式胶结为主，除此之外，克拉区块胶结类型还包括孔隙-基底式、基底式、孔隙-接触式，大北区块及克深区块则为孔隙-镶嵌式胶结，表明大北区块及克深区块胶结程度相对强。

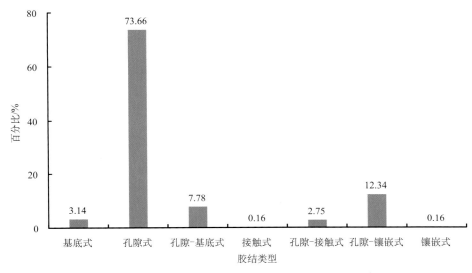

图4-2 克拉苏构造带巴什基奇克组储层胶结类型百分比

具体来说，库车拗陷克拉苏构造带巴什基奇克组储层胶结物类型有碳酸盐、黏土矿物、石英和长石次生加大及石膏等。研究区的胶结作用镜下主要表现为：碳酸盐胶结物发育［图4-3（a）～（e）］，主要呈粒间胶结物、孔隙内充填物形式出现，多见微晶状或晶粒状或连晶状产出，成分主要以方解石、铁方解石、白云石及铁白云石为主，并具明显多期次形成特征。早期方解石以基底式胶结或孔隙式胶结出现［图4-3（b）］，其可以阻止压实作用的进一步进行，有利于后期胶结物溶解形成次生孔隙；晚期方解石胶结物充填裂缝，以晶粒状、连晶状方解石产出，进一步破坏储层物性［图4-3（e）］。黏土矿物胶结物主要为片状伊利石、片状伊/蒙混层［图4-3（f）］。由铸体薄片和扫描电镜可以看出，泥质呈薄壳状包覆碎屑颗粒，颗粒黏土薄膜形成于成岩早期，黏土包膜非常薄，较为完整，颗粒接触面上也可见，其与薄膜状黏土胶结物是不一样的，是成岩早期沉积颗粒没有脱离大气水时形成的，不属于胶结物（王衍琦等，1996）；也见黏土矿物呈孔隙充填形式存在。石英、长石次生加大现象普遍，加大级别一般为Ⅰ级，也见Ⅱ级［图4-1（b），图4-3（g）、（h）］。克深区块偏光显微镜下偶见长石次生加大。大北区块及克深区块储层样品扫描电镜中偶见放射状石膏［图4-3（i）］。

图 4-3 库车拗陷克拉苏构造带巴什基奇克组储集层胶结作用镜下特征

（a）克拉 201 井，3984.03m，铸体薄片，方解石胶结致密，薄片中此类现象较少，仅在克拉 201 井巴什基奇克组第三段中部零星出现；（b）大北 203 井，6359.2m，铸体薄片，岩石致密，粒间粉晶方解石（染色）充填；（c）克深 202 井，6766.7m，铸体薄片，岩石致密，粒间充填方解石胶结物（染色）；（d）克深 202 井，6766.7m，阴极发光，两期方解石胶结；（e）克深 202 井，6766.01m，铸体薄片，裂缝被方解石（染色）充填；（f）大北 202 井，5717.84m，扫描电镜，粒间孔隙充填伊/蒙混层；（g）克拉 201 井，3931.96m，铸体薄片，孔隙发育，石英加大边清晰可见，见长石及岩屑粒内溶孔，红色铸体；（h）大北 202 井，扫描电镜，5790.1m，石英颗粒加大（Q）；（i）克深 202 井，6855.11m，扫描电镜，粒间孔隙充填石膏

克拉区块黏土矿物与深度关系统计表明，从 3800m 深度开始，高岭石向伊利石大量转化，产生酸性流体，早期碳酸盐胶结物溶蚀产生钙离子，从而为晚期碳酸盐矿物的形成提供丰富的物质基础。克深区块及大北区块黏土矿物数据点较少，未能看出趋势。

黏土矿物分析结果表明，巴什基奇克组储层黏土矿物主要为伊/蒙混层［图 4-3（f）］、伊利石，其次为高岭石和绿泥石。伊/蒙混层矿物为砂岩中黏土矿物的主要组成部分，其相对平均含量为 42%，以片状为主。伊/蒙混层比平均值为 20%，表明原生沉积的蒙脱石已大量向伊利石转化。在此转化过程中，消耗钾离子，排出层间水，释放出 Mg^{2+}、SiO_2 等，为自生石英、晚期碳酸盐胶结物提供物质基础。伊利石相对平均含量为 31%，多呈片状、丝发状，充填于粒间或在粒表以膜状分布。高岭石和绿泥石含量偏少，其平均相对含量分别为 17% 和 10%，镜下高岭石可见书页状，多为孔隙充填，绿泥石多呈片状。

三、溶蚀作用

砂岩储层中的碎屑颗粒和填隙物在一定的成岩环境中都可以发生不同程度的溶解作用，形成次生孔隙。库车拗陷克拉苏构造带巴什基奇克组储层薄片中溶蚀作用在显微镜下表现非常丰富 [图 3-3 (a) ～ (c)、图 4-4 (a) ～ (c)]，主要表现为碳酸盐胶结物溶蚀形成粒间溶孔 [图 4-4 (a)]，长石颗粒沿裂缝、节理缝溶蚀 [图 4-4 (b)]，岩屑颗粒的筛状溶蚀或存在颗粒溶蚀残余，镜下也可见整个颗粒完全溶蚀后保留原始外形轮廓的铸模孔 [图 4-4 (c)]。研究区内也存在少量石英溶蚀。大北区块及克深区块因裂缝较为发育，镜下可见沿裂缝溶蚀形成的溶蚀缝 [图 4-4 (d)]。其中对储层性质影响较大的主要为碳酸盐胶结物的溶蚀，长石及岩屑溶蚀次之。

图 4-4 巴什基奇克组储集层溶蚀作用及破裂作用镜下特征

(a) 克深 207 井，6797.35m，铸体薄片，粒间方解石胶结物溶蚀，长石颗粒内溶蚀，红色铸体；(b) 克深 201 井，6707.45，扫描电镜，长石溶蚀；(c) 克深 207 井，6798m，铸体薄片，溶蚀孔隙，铸模孔，红色铸体；(d) 大北 203 井，6346.81m，沿裂缝溶蚀形成的溶蚀缝；(e) 克拉 201 井，3736.26m，铸体薄片，泥砾中收缩缝，红色铸体；(f) 大北 302 井，7244.65m，铸体薄片，构造缝被碳酸盐胶结物充填，不染色，胶结物内可见溶孔

溶蚀作用产生的次生孔隙改善了储层的物性，为油气提供了有效的储集空间。溶蚀作用在克拉苏断裂上盘克拉区块较为常见，其溶蚀增孔量平均约为 10.7%；下盘大北区块及克深区块的溶蚀增孔量平均约为 2%。不同成岩阶段不同区块均可发生溶蚀作

用，克拉区块的溶蚀作用主要与其埋藏过程中晚白垩世构造抬升的表生成岩作用及埋藏后期酸性流体作用有关，其溶蚀孔隙极为发育；大北区块的溶蚀也与表生溶蚀作用及酸性流体作用有关（沈扬等，2009）；克深区块的溶蚀作用则主要与酸性流体作用相关。酸性流体可能来源于新近纪末期成熟的三叠系、侏罗系烃源岩生烃排酸、黏土矿物的转化及断裂活动造成深部富含 CO_2 流体上侵等。

四、破裂作用

新近纪以来，由于受喜马拉雅运动的影响，南天山造山带向塔里木盆地发生强烈逆冲，库车拗陷受到强烈挤压（宋岩等，2006），区内断层发育，储层裂缝发育。破裂作用形成的裂缝可成为油气的主要运移通道及重要储集空间。巴什基奇克组储层岩心中可见宏观裂缝，以高角度缝和垂直缝为主，按充填物性质又可分为完全充填缝、半充填缝及未充填缝。镜下薄片可见成岩收缩缝［图 4-4（e）］、成岩压碎缝［图 4-4（a）、（b）］、层间裂缝及构造裂缝等［图 4-4（f）］，它们相互组合成网络系统，对改善致密砂岩的储集性能起到重要的作用，如大北气田区裂缝的发育是获得高产的主要因素［图 3-3（e）］。除此之外，裂缝为流体（地层水、烃类）循环提供了通道，为地表和地下水的化学淋滤作用和水岩矿化作用提供场所。烃类等酸性流体的进入一方面可以有效抑制或延缓胶结作用和压实作用的进行，另一方面也可以溶蚀方解石胶结物、长石、中酸性火山岩岩屑等易溶物质形成次生孔隙，使储集物性变好。

需要注意的是，构造运动引起的流体循环，除形成新的储集空间外，还带来某些矿物的沉淀，造成裂缝或孔隙的充填，降低储层物性。因此，在研究裂缝系统时，不但要考虑裂缝的发育、充填情况，还要结合有机质热演化历史来分析，找出与油气形成及运移相匹配且真正对目前开采有重要意义的裂缝系统。库车拗陷白垩系巴什基奇克组储层岩心及成像测井资料显示，克拉苏构造带巴什基奇克组储层构造裂缝较为发育，且大北区块及克深区块裂缝发育类型有差异，大北区块巴什基奇克组储层主要发育网状缝［图 3-3（c）～（e）］，而克深 2 井巴什基奇克组储层以高角度裂缝和斜交缝为主［图 3-3（f）］。

第二节　成岩阶段划分和成岩演化序列

一、巴什基奇克组储层成岩阶段划分

依据我国石油天然气行业标准《碎屑岩成岩阶段划分》（SY/T 5477—2003），成岩阶段的划分主要依据自生矿物分布及形成顺序、黏土矿物组合及黏土混层矿物的转化、岩石的结构构造特征及孔隙类型、古温度等指标。

依据不同的碎屑岩成岩阶段划分指标，认为库车拗陷克拉苏构造带巴什基奇克组储层目前主要处于中成岩演化阶段，不同区块储层演化有差异。确定成岩作用阶段的主要依据包括压实作用强度、自生矿物类型、混层黏土矿物组合和包裹体测温等。

库车拗陷克拉苏构造带巴什基奇克组砂岩埋藏深，克深区块可以达到 8300 余米，颗粒多呈线状-凹凸接触，部分颗粒出现压碎现象，表明压实作用较强，孔隙类型以溶孔-残余原生孔型和裂缝-溶孔型为主。

（二）发育多种自生矿物

库车拗陷克拉苏构造带大北-克深井区铸体薄片和阴极发光薄片分析发现，白垩系巴什基奇克组内的自生矿物类型多，有方解石、（含）铁方解石、石英、长石、黄铁矿、自生黏土矿物、重晶石、石膏和沸石等。石英或长石次生加大达到 II 级，表明储层进入了中成岩演化阶段。

（三）混层黏土矿物组合多

白垩系巴什基奇克组黏土矿物组合有伊/蒙混层、伊利石、绿泥石、绿/蒙混层及蒙脱石和高岭。伊/蒙混层相对含量 25%～51%，其次为伊利石，含量 13%～62%，再次为绿泥石，高岭石含量很少（仅克拉井区出现），不含蒙脱石，伊/蒙混层中蒙脱石含量一般在 20% 以下（表 4-1）。根据储层岩样的伊/蒙混层比值（14%～20%）可以判定储层处于中成岩演化阶段。

表 4-1　库车拗陷大北-克深区块巴什基奇克组储集层黏土矿物含量表

组	岩性段	井号	样品数	黏土矿物及其组合相对含量/%				
				伊利石	绿泥石	高岭石	伊/蒙混层	伊/蒙混层比
巴什基奇克组	一段	克深 1	6	34~70/49	3~13/7	2~5/4	14~60/41	20~20/20
		克深 201	4	22~45/30	3~10/7	1~6/2.8	51~68/61	20~20/20
		克拉 201	12	14~43/30	4~9/6	6~31/17	31~66/46	10~41/20
		克拉 205	9	9~25/17	4~9/6	11~43/31	33~61/46	20~25/22
	二段	克深 201	12	11~43/23	10~30/20	2~12/7	20~65/51	20~20/20
		大北 101	6	56~60/58	8~18/15		25~30/28	15~20/15.8
		大北 102	11	47~72/62	6~11/8	2~6/4	18~38/27	20~20/20
		克拉 201	21	11~41/27	3~16/7	4~61/19	17~64/46	10~21/14
		克拉 205	6	1~21/13	39~83/57	4~8/5	12~38/25	15~20/18
	三段	大北 1	1	42	13		45	20
		克拉 201	16	23~51/40	8~24/15	0~30/13	26~41/32	

注：横线上数据为最小值及最大值，横线下为平均值。

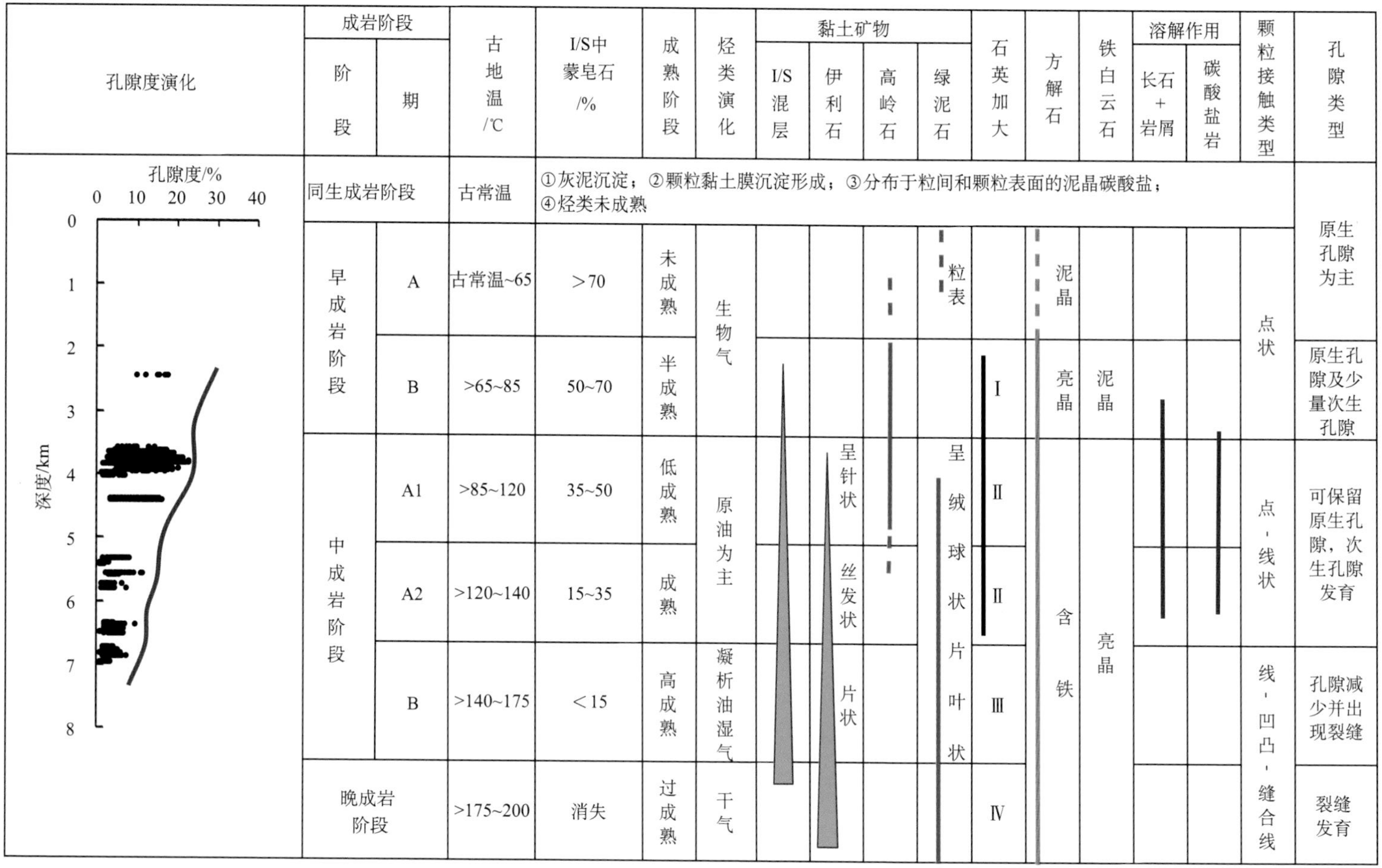

图4-5 库车拗陷克拉苏构造带巴什基奇克组储层成岩阶段划分及其特征

注：①灰泥沉淀；②颗粒黏土膜沉淀形成；③分布于粒间和颗粒表面的泥晶碳酸盐；④烃类未成熟

成岩阶段	阶段/期	古地温/℃	I/S中蒙皂石/%	成熟阶段	烃类演化	孔隙类型	颗粒接触类型
同生成岩阶段		古常温				原生孔隙为主	点状
早成岩阶段	A	古常温-65	>70	未成熟	生物气	原生孔隙为主	点状
早成岩阶段	B	>65~85	50~70	半成熟	生物气	原生孔隙及少量次生孔隙	点状
中成岩阶段	A1	>85~120	35~50	低成熟	原油为主	可保留原生孔隙、次生孔隙发育	点-线状
中成岩阶段	A2	>120~140	15~35	成熟	原油为主	可保留原生孔隙、次生孔隙发育	点-线状
晚成岩阶段	B	>140~175	<15	高成熟	凝析油湿气	孔隙减少并出现裂缝	线-凹凸-缝合线
晚成岩阶段		>175~200	消失	过成熟	干气	裂缝发育	线-凹凸-缝合线

黏土矿物及成岩矿物特征：
- 溶解作用：碳酸盐岩；长石+岩屑
- 铁白云石：泥晶、亮晶
- 方解石：泥晶、亮晶、含铁
- 石英加大：Ⅰ、Ⅱ、Ⅱ、Ⅲ、Ⅳ
- 绿泥石：粒表、呈绒球状、片叶状
- 高岭石
- 伊利石：呈针状、丝发状、片状
- I/S混层

孔隙演化（孔隙度%-深度/km 关系曲线）

（四）包裹体测温的温度较高

克拉苏构造带白垩系巴什基奇克组储层胶结物包裹体均一温度分布范围为 90～155℃，其主峰区间为 90～100℃，表明其处于中成岩演化阶段。

综上所述，克拉苏构造带白垩系巴什基奇克组储层具有颗粒接触类型为线状接触、石英次生加大Ⅰ～Ⅱ级、方解石胶结物发生溶蚀，石英、长石颗粒溶蚀成港湾状、储层包裹体均一温度分布范围为 90～155℃，黏土矿物以伊/蒙混层、伊利石为主，伊/蒙混层比为 14%～20% 等多种反映巴什基奇克组储层处于中成岩演化阶段的证据（图 4-5）。

二、巴什基奇克组储层成岩演化序列

基于岩石普通薄片、铸体薄片、扫描电镜资料及大量储层分析化验资料，详细研究了克拉苏构造带巴什基奇克组砂岩储层成岩作用类型、组构特征、矿物学特征及其相互切割关系，结合成岩演化阶段划分标准分析，建立了克拉苏构造带巴什基奇克组砂岩储层的成岩作用演化序列（图 4-5）。

研究表明，随着储层埋深增大，储层成岩演化具有明显分带性：埋深小于 4000m，以克拉区块为典型代表，巴什基奇克组储层处于中成岩 A1 阶段，砂岩以机械压实为主，胶结作用偏弱，颗粒之间以点接触及点-线接触为主，储层以残余原生孔隙为主，溶蚀次生孔发育，储层孔隙度多为 10% 以上，渗透率值正常，其成岩演化序列可总结为：颗粒黏土包壳沉淀形成—早期方解石胶结—长石、岩屑溶蚀—石英加大—碳酸盐胶结—碳酸盐胶结物强烈溶蚀；埋深为 4000～6500m，以大北区块为典型代表，储层处于中成岩 A1～A2 阶段，压实作用（线接触，颗粒压碎缝）较强，有机质成熟排酸，次生溶蚀孔较为发育，平均孔隙度在 10% 以下，渗透率值偏低，其成岩演化序列为：颗粒黏土包壳沉淀形成—早期强烈压实—早期方解石胶结—长石、岩屑溶蚀—早期石英加大—碳酸盐致密胶结—碳酸盐胶结物溶蚀—石英次生加大—挤压推覆形成裂缝—裂缝溶蚀扩大孔隙；埋深大于 6500m，甚至可达 8000m，以克深区块为典型代表，储层处于中成岩 A2～B 阶段，颗粒呈线状或凹凸状接触，压实作用及胶结作用明显，平均孔隙度偏低，均在 5% 以下，构造应力导致裂缝发育，储层物性得到一定程度改善，其成岩演化序列为：颗粒黏土包壳沉淀形成—早期方解石胶结—长石、岩屑溶蚀—早期强烈压实—早期石英加大—碳酸盐致密胶结—碳酸盐胶结物溶蚀—石英次生加大—挤压推覆形成裂缝。

第五章 巴什基奇克组储层定量成岩相研究

第一节 成岩作用强度的定量计算方法

成岩相（diagenetic facies）系指某一岩层所经历的成岩环境及其特征的总和，或指岩层中与某一地史时期成岩过程有关的组分（可以是结构组分，也可以是矿物组分），或是在成岩过程中形成的某一特定的岩石类型。关于成岩相的划分，国外学者多从岩石矿物成分、成岩事件、成岩环境等方面作为划分依据（Peters，1985；Lee，1994；Grigsby and Langsford，1996；Aleta，2000）。陈彦华和刘莺（1994）认为成岩相是成岩环境的物质表现，即能够反映成岩环境的岩石学特征、地球化学特征和岩石物理特征的总和，并将某种成岩相时空分布的范围称为成岩相区。覃建雄等（2000）根据陕甘宁盆地中部奥陶系马家沟组马五段的地质特征，把成岩相概念明确表达为：某一岩层段或分段岩石在沉积期后所经历的各种成岩作用改造叠加所形成的沉积记录或产物的总和，并将其中明显影响储层储集条件的最典型和最主要的矿物、结构或岩石类型代表其相应的成岩相。邹才能等（2008）从勘探实用角度出发，考虑分类命名的实用性、成因性及定量性，结合相应孔渗级别，提出"孔渗级别＋岩石类型＋成岩作用类型"的成岩相命名方案，综合沉积相、地震相和岩心薄片，根据不同成岩相类型的分布，对储集层进行有效预测。

成岩相的发育主要受盆地地质背景、沉积环境、盆地充填史和成岩序列、成岩条件（主要指介质性质、温度、压力、酸碱度和氧化还原条件及其变化，以及有机质演化对成岩相的影响）、成岩作用类型和强度等因素的控制。不同的沉积、成岩环境和演化阶段，导致不同的成岩作用，形成不同的成岩矿物组合、组构及孔隙体系。因而明确控制成岩相发育的因素，对成岩相进行详细划分，才能更准确地预测有利成岩相，并最终为油气勘探服务。成岩相研究就是分析各种成岩事件的相对强度、沉积成岩环境与成岩产物空间分布特征。储层的成岩相划分除要考虑沉积微相的分布外，还要考虑成岩作用及其对储层储集性能的影响。

成岩演变过程反映了水与成岩物质在一定成岩环境下的相互反应，由平衡—不平衡—平衡的不断演化，因而常具有阶段性演化特点，以此可以划分成岩阶段。在不同成岩阶段所形成的岩石矿物和结构类型组合，构成了不同成岩相类型和成岩相序列。碎屑岩成岩相是不同成因砂体和沉积物，在不同成岩环境中经受各种物理、化学和生物作用，包括温度、压力、水与岩石及有机、无机之间的综合反应而形成的，并具有一定共生成岩矿物和组构特点的岩石类型组合。故成岩相是成岩演化过程的具体体现，反映了碎屑岩成岩特征的总面貌，它表现在碎屑成分、成岩矿物组合、填隙物及其孔隙类型和结构上所发生的所有变化。

通过对库车拗陷克拉苏构造带巴什基奇克组储层成岩作用的研究，在考虑成岩阶段划分的基础上，结合研究区的盆地埋藏史，对研究区巴什基奇克组储层各成岩阶段内出现的各种成岩作用的特征、岩石结构、构造和矿物组合关系对孔隙的影响进行综合分析，划分成岩相。通过前述研究区物性平面分布特征可知，沉积相带对巴什基奇克组储层的物性具有的明显控制作用，原始沉积环境控制了储层沉积物的物质基础，后期的成岩作用则控制了储层储集空间的演化及再分配。

一、成岩作用强度的理论计算方法

为了合理恢复巴什基奇克组储层孔隙演化，需定量评价储层不同成岩阶段孔隙的生成和损失。假设储层的成岩作用是按压实作用、胶结作用、溶蚀作用和裂缝作用依次进行的（图 5-1）。基于岩心样品普通薄片、岩心物性分析及铸体薄片储集空间面孔率估算等基础资料，进行统计计算，恢复储层在不同成岩阶段孔隙度值，探讨成岩作用对储层孔隙演化的影响。以下为测算方法。

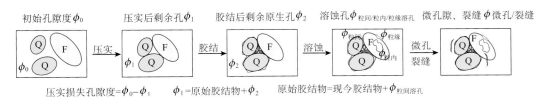

图 5-1 孔隙演化理论模式图

Q 表示石英，F 表示长石

（一）碎屑岩初始孔隙度恢复

恢复砂岩初始孔隙度是定量评价不同类型成岩作用对原生孔隙消亡和次生孔隙产生所起作用的基本前提，通常采用 Beard 和 Weyl（1973）对不同分选的储集砂岩的初始孔隙度计算关系式来恢复碎屑岩初始孔隙度。

$$初始孔隙度 = 20.91 + 22.90/S_o \tag{5-1}$$

式中，$S_o = \sqrt{\dfrac{D_3}{D_1}}$，$D_1 = 2^{-\phi_{75}}$，$D_3 = 2^{-\phi_{25}}$，$S_o$ 为特拉斯科分选系数，粒度累积曲线上 25% 处粒径大小与 75% 处粒径大小之比的平方根。

（二）压实后粒间剩余孔隙度的恢复

在沉积物进入埋藏期后，压实作用通常是使原生粒间孔减少或消失的最主要原因。上覆沉积物静压力、孔隙水压力及沉积物颗粒的物理性质（如刚性、塑性、半塑性）、填隙物成分及含量等因素综合控制着原生孔隙的消亡方式。恢复压实后剩余粒间孔隙度也是定量评价后期胶结作用、交代作用对孔隙的破坏程度及次生孔隙的形成对孔隙的改善程度的前提。恢复压实后剩余粒间孔隙度可评价压实作用对原生粒间孔隙的破坏程度。现存孔隙中原生粒间孔、粒间石英长石充填残留孔、现今胶结物所占据的体积空间及粒间胶结物溶孔均属于压实后剩余粒间孔隙空间的部分，求取公式如下（因铸体薄片所估算的各类孔隙百分含量均为面孔率，本书采用其所占总面孔率百分比与现今孔隙度相乘换算）：

压实后粒间剩余孔隙度（%）＝胶结物含量（%）＋［原生粒间孔面孔率（%）＋粒间石英长石充填残留面孔率（%）＋粒间溶蚀孔面孔率（%）］/总面孔率（%）×现今孔隙度（%）

$$(5-2)$$

（三）压实胶结后的粒间剩余孔隙度

储层经历压实作用、胶结作用后的剩余粒间孔隙度，即为现存孔隙中原生粒间孔隙和粒间石英长石充填残留孔隙空间所具有的孔隙度。其公式为

胶结后的粒间剩余孔隙度（%）＝［实测原生粒间孔面孔率（%）＋粒间石英长石充填残留孔面孔率（%）］/总面孔率（%）×现今孔隙度（%）

$$(5-3)$$

（四）溶蚀孔隙度

溶蚀孔隙度，即为次生溶蚀孔隙空间所具有的孔隙度，包括粒间溶孔、粒内溶孔、粒缘溶孔及铸模孔。其公式为

溶蚀孔隙度（%）＝［粒间溶蚀孔面孔率（%）＋粒内溶蚀孔面孔率（%）＋粒缘溶蚀孔面孔率（%）＋铸模孔面孔率（%）］/总面孔率（%）×现今孔隙度（%）

$$(5-4)$$

（五）微孔隙度及裂缝孔隙度

微孔隙度即为镜下微孔隙所具有的孔隙度：

微孔隙度(%)＝微孔隙面孔率(%)/总面孔率(%)×现今孔隙度(%)　　(5-5)

裂缝孔隙度，即由于构造应力作用使得储集层发生破裂形成裂缝空间及成岩收缩缝所具有的孔隙度。其公式为

裂缝孔隙度（%）＝［构造缝面孔率（%）＋收缩缝面孔率（%）＋溶蚀缝面孔率（%）］/总面孔率（%）×现今孔隙度（%）

$$(5-6)$$

二、成岩作用强度评价参数的定义与分级

根据以上孔隙度恢复公式，我们确定五种评价成岩作用强度的参数如下：

（一）视压实率

视压实率计算公式如下：

视压实率(%)＝压实损失的孔隙度(%)/原始孔隙度(%)×100%　　(5-7)

主要根据岩石的视压实率大小来划分压实强度的等级，综合考虑研究区的实际情况并参考相关标准，确定了压实强度的分级标准（表5-1）。

（二）视胶结率

假设粒间溶孔溶解的全部是胶结物，那么发生溶蚀作用以前胶结作用强度可以用现今胶结物总量和粒间溶孔所占孔隙体积之和来衡量：

$$视胶结率(\%) = 原始胶结物总量(\%) / 压实后粒间剩余孔隙度(\%) \times 100\% \quad (5-8)$$

根据库车拗陷克拉苏地区储集岩体的视胶结率大小，参考相关标准，确定胶结强度的分级标准（表5-1）。

（三）视溶蚀率

根据铸体薄片中粒内溶孔、粒间溶孔、粒缘溶孔、超大孔等溶蚀作用形成的次生孔隙占总面孔率的比例，评价储集层溶蚀作用的发育程度，定义该参数为视溶蚀率：

$$视溶蚀率(\%) = 总溶蚀孔(\%) / 总面孔率(\%) \times 100\% \quad (5-9)$$

根据本区溶蚀作用发育情况，将储集岩的溶蚀程度分为三个等级（表5-1）。

（四）视微孔率

统计铸体薄片中微孔隙面孔率占总面孔率的百分比，建立一个评价微孔隙发育程度的参数，即视微孔率：

$$视微孔率(\%) = 微孔隙(\%) / 总面孔率(\%) \times 100\% \quad (5-10)$$

根据该区微孔隙作用发育情况，将储集岩的微孔发育程度分为三个等级（表5-1）。

（五）视裂缝率

统计铸体薄片中构造缝、成岩缝、收缩缝等裂缝的面孔率之和占总面孔率的比例。建立一个评价储集层中裂缝发育程度的参数，即视裂缝率：

$$视裂缝率(\%) = 裂缝面孔率(\%) / 总面孔率(\%) \times 100\% \quad (5-11)$$

根据该区宏观裂缝作用发育情况，将储集岩的裂缝发育程度分为三个等级（见表5-1）。

库车拗陷克拉苏构造带巴什基奇克组储层定量成岩相研究的五种参数分级标准汇总如下。

表 5-1　库车拗陷克拉苏构造带巴什基奇克组岩石成岩参数分级标准　（单位:%）

强度分级	视压实率	视胶结率	视溶蚀率	视微孔率	视裂缝率
弱	<30	<30	<20	<20	<20
中等	30~60	30~60	20~40	20~40	20~40
强	>60	>60	>40	>40	>40

第二节　定量成岩演化与分布特征

　　由于库车拗陷克拉苏构造带地质条件复杂，加之研究定量成岩相的资料少，不同勘探区块资料数量存在差异性，故本书分区块（克拉区块、大北区块、克深区块）、分层段（巴什基奇克组第一段、第二段、第三段）研究目的层的储层定量成岩相特征。研究基于已有的普通薄片、铸体薄片、粒度分析、物性分析资料，根据成岩作用强度的定量计算理论和公式，对库车拗陷克拉苏构造带成岩资料进行统计和分析，计算出视压实率、视胶结率、视溶蚀率、视裂缝率和视微孔率等成岩参数，分析各区块、各层段的成岩演化规律及分布特征。

一、克拉区块储层定量成岩相特征

　　库车拗陷克拉苏构造带克拉区块巴什基奇克组整体发育较为完整。第一段成岩参数演化所需配套资料完整的井有克拉201井、克拉205井、克拉3井；第二段有克拉2井、克拉201井、克拉205井、克拉3井；第三段仅有克拉201井、克拉3井。

（一）克拉区块巴什基奇克组储层成岩参数整体演化趋势

　　根据克拉区块已有资料计算得出巴什基奇克组成岩参数（图5-2、图5-3）。视压实率与视胶结率是破坏性成岩作用的储层评价参数，可用最小值包络线和平均值变化曲线

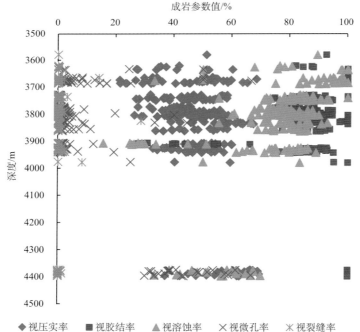

图 5-2　库车拗陷克拉苏构造带克拉区块巴什基奇克组成岩参数演化图版

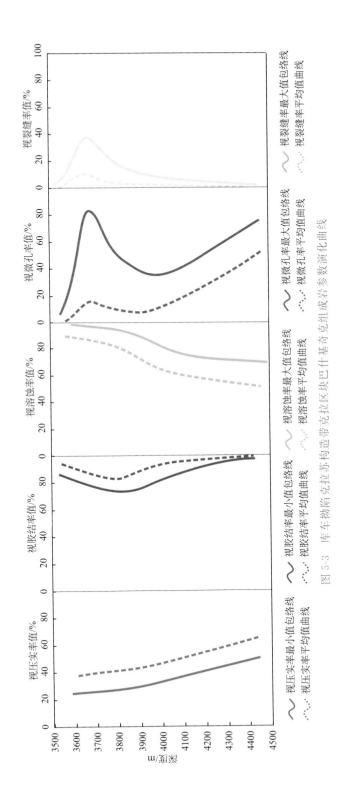

图 5-3 库车拗陷克拉苏构造带克拉区块巴什基奇克组成岩参数演化曲线

来描述。视溶蚀率、微孔率、裂缝率为建设性成岩作用的储层评价参数，可用最大值包络线和平均值变化曲线来描述。

库车拗陷克拉区块位于克拉苏断裂带上盘，目的层巴什基奇克组埋深浅，多小于4000m，仅克拉202井深度在4400m左右。其成岩演化程度相对较低。该区块巴什基奇克组视压实率多为20％～60％，压实作用多为中等压实和弱压实。视胶结率多在60％以上，且集中分布在80％以上，说明胶结作用强烈，胶结物充填了压实后剩余的大多数粒间孔隙。该区块巴什基奇克组视溶蚀率多在60％以上，溶蚀作用发育，是次生孔隙形成的主要原因，溶蚀孔是现今孔隙的主要类型。微孔隙发育情况在不同的深度段有较大不同，视微孔率多在10％以下，但部分层段微孔率为20％～50％。在该区块埋深最大的克拉202井，在4400m左右深度处，微孔隙对储层孔隙度的贡献率在50％左右，与溶蚀孔的贡献率相近。该区块巴什基奇克组宏观裂缝不发育，绝大多数层段视裂缝率为0。该区块取心井的铸体薄片特征也反映了较弱压实、强胶结、强溶蚀的特征［图3-3（b）、图4-3（g）］。

库车拗陷克拉区块巴什基奇克组视压实率等成岩参数的计算表明，克拉区块巴什基奇克组压实作用属中等压实和弱压实，由浅到深有变大趋势（图5-4）。而克拉区块巴什基奇克组不同深度段铸体薄片的观察表明，随深度增加，其主要颗粒接触类型由漂浮接触、点接触过渡到点-线接触和线接触，也表明由浅到深压实作用逐步增强。

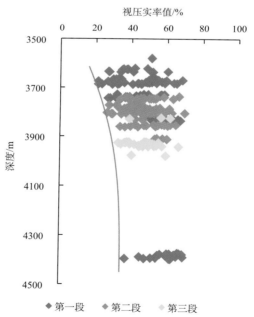

图5-4　库车拗陷克拉苏构造带克拉区块巴什基奇克组视压实率演化

克拉区块巴什基奇克组胶结作用强烈，视胶结率均在60％以上，集中在70％以上，属强胶结（图5-5）。大致以3900m为界分为两段式。井深浅于3900m深度段，由浅到深视胶结率逐渐变小，胶结作用对储层减孔作用的影响变弱。在3900m以下深度段，

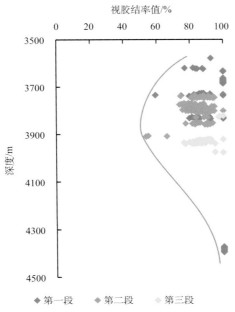

图 5-5　库车拗陷克拉区块巴什基奇克组视胶结率演化

视胶结率快速增大，表明胶结减孔作用快速变强。

　　克拉区块巴什基奇克组溶蚀作用强烈，视溶蚀率在 0～100％均有分布，但大多在50％以上（图 5-6、图 5-7）。由浅到深视溶蚀率，整体呈现逐渐变小的趋势。溶蚀作用对储层孔隙度增加的贡献率越来越小，但溶蚀作用仍是储层次生孔隙的主要成因。在埋深较大的克拉 202 井 4400m 左右深度处，溶蚀孔占储层总孔隙的 50％左右。

　　克拉区块巴什基奇克组视微孔率由浅到深有先变小后变大的趋势，呈现两段式（图5-8）。以井深 3900m 为界，其上的深度段视微孔率由浅到深逐渐变小，微孔隙对储层孔隙的建设性影响逐渐变小。在该层段，微孔隙大多不太发育，多为低微孔率，视微孔率多在 20％以下。在井深 3900m 以下的深度段，储层微孔率由浅到深逐渐变大，微孔隙随着埋深增加越来越发育，对储层孔隙的建设性影响越来越大。

　　克拉区块巴什基奇克组镜下薄片总体上裂缝不发育，大多数深度段视裂缝率为 0。视裂缝率分布呈现两段式（图 5-9），以埋深 3900m 为界，其深度之上视裂缝率大多数为 0，少部分值为 5％～20％，由浅到深有微弱变大趋势，对储层孔隙起到一定的建设性作用。而深度 3900m 以下，视裂缝率有由浅到深有变小趋势，裂缝不发育。

　　结合克拉区块巴什基奇克组杂基、胶结物含量、碳酸盐含量及总面孔率的变化分析成岩演化特征（图 5-10）。克拉区块巴什基奇克组压实作用由浅到深均匀增强，胶结作用分两段式，先变弱再变强，溶蚀作用由浅到深逐渐减弱，微孔隙先变小再变大，裂缝几乎不发育。

　　下面分段对克拉区块的成岩演化特征进行详述。

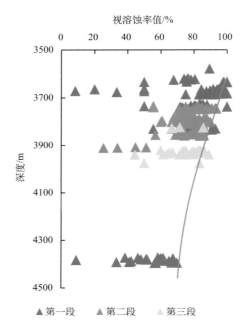

图 5-6 克拉区块巴什基奇克组视溶蚀率演化

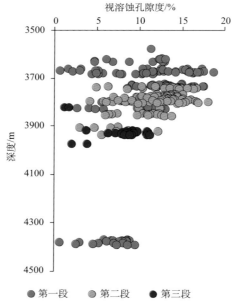

图 5-7 克拉区块巴什基奇克组视溶蚀孔隙度演化

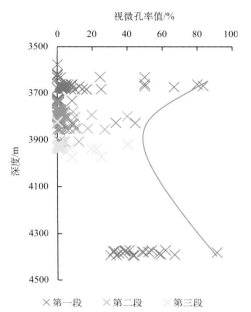

图 5-8 克拉区块巴什基奇克组视微孔率演化

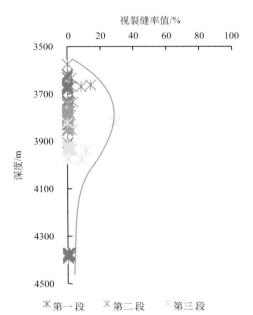

图 5-9 克拉区块巴什基奇克组视裂缝率演化

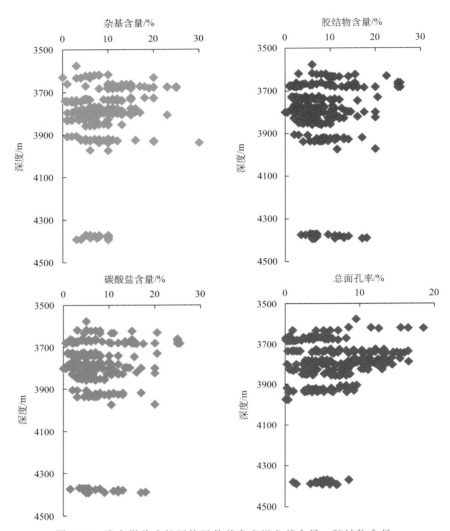

图 5-10　库车拗陷克拉区块巴什基奇克组杂基含量、胶结物含量、
碳酸盐含量及总面孔率与深度关系图

（二）巴什基奇克组第一段成岩参数演化

克拉区块克拉 201 井、克拉 202 井、克拉 205 井、克拉 3 井四口井资料较为完整，可用于研究巴什基奇克组第一段成岩演化。

1. 第一段整体成岩演化特征

克拉区块巴什基奇克组第一段压实程度低，视压实率多为 20%～60%，属于弱压实-中等压实，由浅到深视压实率缓慢变大。胶结作用强烈，视胶结率集中在 70% 以上，由浅到深视胶结率先变小再变大。溶蚀作用发育，视溶蚀率集中于 70%～100%，属强溶蚀，由浅到深视溶蚀率逐渐变小。微孔隙不太发育，视微孔率大多数为0～20％，但埋深较深在4400m左右的克拉202井，微孔隙发育，视微孔率分布在30％～70％，对储层孔隙度贡献较大。第一段不发育宏观裂缝，多数深度段视裂缝率为0（图5-11）。由于克拉区块第一段70％的数据点来自克拉201井，所以克拉201井的单井成岩演化规律与第一段规律相近，此处不再详述。

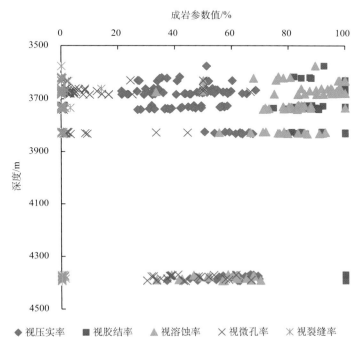

图5-11　库车拗陷克拉区块巴什基奇克组第一段成岩参数演化图版

2. 第一段成岩作用强度分布特征

克拉区块巴什基奇克组第一段现有取心资料的成岩参数分析表明（图5-12），第一段67.83％的样品点处于中等压实阶段，22.61％处于强压实阶段，9.56％处于弱压实阶段；储层胶结作用强，97.32％处于强胶结阶段，中等胶结和弱胶结的点各1.34％；溶蚀作用强，89.26％的样品点处于强溶蚀阶段，6.04％处于弱溶蚀阶段，4.70％处于中等溶蚀阶段；微孔隙不太发育，67.78％数据点的视微孔率低，20.81％为高视微孔率，11.41％为中等视微孔率；裂缝不发育，97.99％的数据点为低视裂缝率，1.34％为中等视裂缝率，0.67％为高视裂缝率。因此，克拉区块巴什基奇克组第一段储层表现为中等压实、强胶结、强溶蚀、弱微孔隙、弱裂缝发育特征。

（三）巴什基奇克组第二段成岩参数演化

研究克拉区块巴什基奇克组第二段成岩参数的资料井有克拉2井、克拉201井、克拉205井、克拉3井。

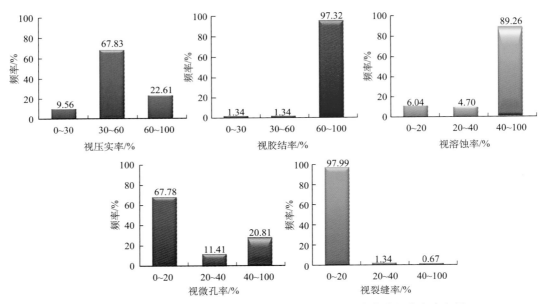

图 5-12 库车拗陷克拉区块巴什基奇克组第一段成岩参数分级分布直方图

1. 第二段整体成岩参数演化特征

克拉区块巴什基奇克组第二段整体成岩演化程度较低（图 5-13）。压实作用强度相

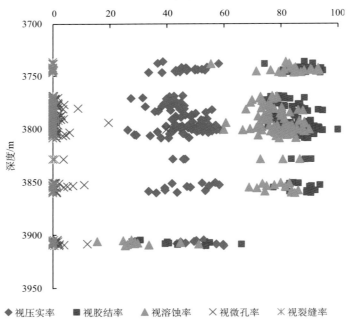

图 5-13 库车拗陷克拉苏构造带克拉区块巴什基奇克组第二段成岩参数演化图版

对较弱，视压实率多在30%～60%，为中等压实。胶结作用强烈，视胶结率均在70%以上。溶蚀作用发育，视溶蚀率多在70%以上，是储层孔隙主要建设性影响因素。微孔隙不太发育，视微孔率大多集中在0～10%。裂缝不发育，绝大多数深度段视裂缝率为0。

由于巴什基奇克组第二段取心段数据资料有60%左右来自于代表井克拉201井，其成岩参数演化与该第二段演化图版类似，在此不再详述。但值得一提的是，取心段埋深在3900m左右的克拉205井，压实强度与埋深较浅的其他井第二段相近，但胶结作用与溶蚀作用均较弱，属中等胶结、中等溶蚀。微孔隙和裂缝不发育，保留了大量的原生粒间孔。

2. 第二段成岩作用强度分布

下面对克拉区块第二段五种成岩参数各自的分布特征进行简述（图5-14）。

统计现有巴什基奇克组第二段取心井资料，发现克拉区块第二段97.04%样品点处于中等压实阶段，2.96%处于弱压实阶段，压实程度整体偏弱；胶结作用强烈，92.59%的数据点为强胶结；溶蚀作用强，94.12%的数据点处于强溶蚀阶段，与第一段相比，溶蚀作用变强，对储层孔隙度的建设性影响变大；微孔隙不发育，98.69%数据点的视微孔率低，视微孔率相对于第一段变小；裂缝不发育，所有数据点均为低视裂缝率。

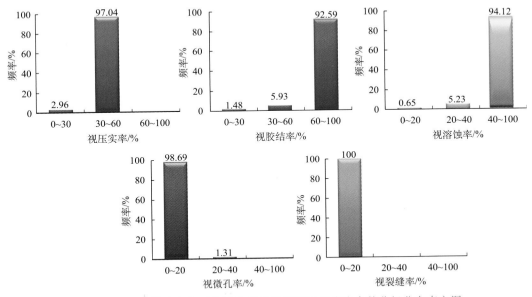

图5-14 库车拗陷克拉区块巴什基奇克组第二段成岩参数分级分布直方图

（四）巴什基奇克组第三段成岩参数演化特征

克拉区块巴什基奇克组第三段取心资料能够满足成岩参数计算要求的井有克拉201

井、克拉 3 井。

1. 第三段成岩参数演化特征

克拉区块巴什基奇克组第三段数据相对第一、二段要少，克拉 201 井第三段埋深为
3900 余米，以中粒岩屑砂岩为主，含灰、含云细粒岩屑砂岩次之，克拉 3 井第三段埋
深为 3800 余米，岩性主要为粉砂岩和细粒岩屑砂岩。视压实率为 30％～60％，压实作
用多处于中等压实阶段。视胶结率均在 70％以上，处于强胶结阶段。视溶蚀率大多在
60％以上，溶蚀作用发育，是储层次生孔隙的主要成因。微孔隙不太发育，视微孔率大
多集中在 0～10％。裂缝不发育，绝大多数深度段视裂缝率为 0（图 5-15）。

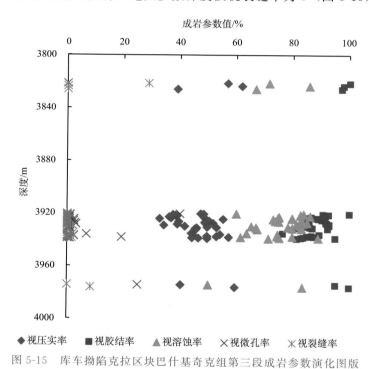

图 5-15 库车拗陷克拉区块巴什基奇克组第三段成岩参数演化图版

2. 第三段成岩作用强度分布

统计现有取心段数据，发现克拉区块巴什基奇克组第三段五种成岩参数具有各自的
分布特征（图 5-16）。

克拉区块巴什基奇克组第三段中，84.09％的数据点处于中等压实阶段，11.36％处
于强压实阶段，少量为弱压实，压实程度中等；视胶结率全部大于 60％，属强胶结；
溶蚀作用强，97.56％的数据点处于强溶蚀阶段，溶蚀作用强于第一段和第二段，溶蚀
孔隙几乎贡献了储层全部的孔隙度。微孔隙不发育，92.68％的数据点的视微孔率低，
视微孔率整体比第一段小；裂缝不发育，97.56％的数据点为低视裂缝率。

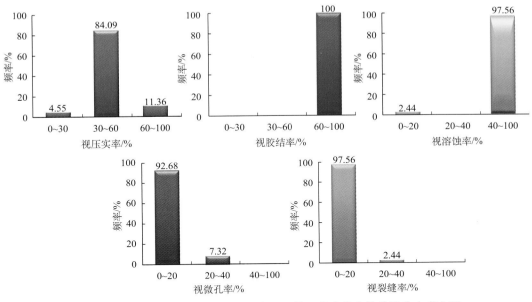

图 5-16　库车拗陷克拉区块巴什基奇克组第三段成岩参数分级分布直方图

（五）克拉区块成岩演化参数与岩性关系分析

根据取样情况及镜下薄片观察分析，克拉区块巴什基奇克组共有以下三大类岩性，即粉砂岩、细砂岩、中砂岩。中砂岩（平均埋深3850m）分布最为广泛，其次为细砂岩（平均埋深3788m），粉砂岩（平均埋深3753m）最少。这些岩性与巴什基奇克组视压实率、视胶结率、视溶蚀率、视微孔率、视裂缝率的平均值具有良好的对应关系（图5-17）。

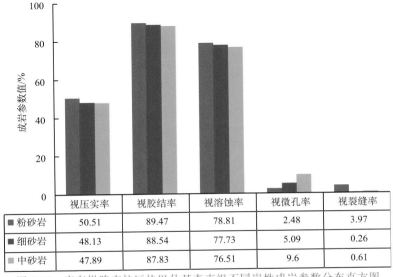

	视压实率	视胶结率	视溶蚀率	视微孔率	视裂缝率
■ 粉砂岩	50.51	89.47	78.81	2.48	3.97
■ 细砂岩	48.13	88.54	77.73	5.09	0.26
■ 中砂岩	47.89	87.83	76.51	9.6	0.61

图 5-17　库车拗陷克拉区块巴什基奇克组不同岩性成岩参数分布直方图

库车拗陷克拉苏构造带克拉区块三种岩性成岩参数的变化特征如下：①随着岩石粒度变粗，视压实率稍有变小趋势，即粒度越粗，压实作用强度越弱；②随着岩性变粗，视胶结率稍有变小，即粒度偏粗，胶结作用强度偏弱；③该区视溶蚀率随着粒度变粗稍有变小趋势，即粒度越粗，溶蚀作用越强；④中砂岩的视微孔率高于细砂岩，细砂岩视微孔率高于粉砂岩，即粒度越粗，越有利于微孔隙发育；⑤细砂岩和中砂岩几乎不发育裂缝，粉砂岩裂缝发育程度高于细砂岩和中砂岩。

二、大北区块储层定量成岩作用特征

库车拗陷克拉苏构造带大北区块巴什基奇克组第一段完全被剥蚀，部分井区第二段完全剥蚀，仅残余第三段。

（一）大北区块巴什基奇克组储层成岩参数整体演化趋势

根据已有资料计算得出大北区块巴什基奇克组储层成岩参数并成图。根据该图版，绘出各个成岩参数的变化曲线（图 5-18、图 5-19）。下面分层段对成岩参数演化特征进行叙述。

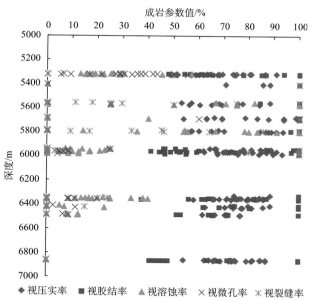

图 5-18　库车拗陷克拉苏构造带大北区块巴什基奇克组成岩参数演化图版

大北区块巴什基奇克组储层的成岩演化程度明显高于克拉区块。其压实与胶结作用都比较强，视压实率多大于 60%，视胶结率多大于 40%。溶蚀作用发育程度在垂向上具有分段性，5500～5900m 深度段溶蚀作用强，视溶蚀率均值大于 30%；6300～6500m 深度段溶蚀作用也较明显，视溶蚀率均值为 20% 左右，其他井段溶蚀发育程度不高。该区块微孔隙不发育，视微孔率均值多在 20% 以下。裂缝在 5600～6000m 井段

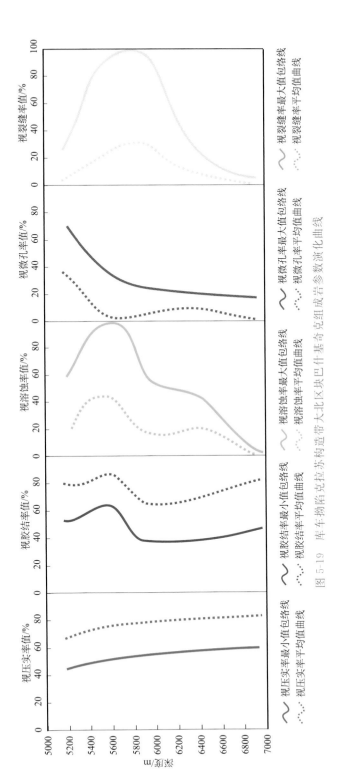

图5-19 库车拗陷克拉苏构造带大北区块巴什基奇克组成岩参数演化曲线

发育较好，视裂缝率均值约为 20％，其他井段裂缝不发育。整体看来，大北区块巴什基奇克组储层表现为强压实、中等-强胶结、差异溶蚀、弱微孔隙、弱-中等裂缝发育的特征。

库车拗陷克拉苏构造带大北区块巴什基奇克组视压实率由浅到深有变大趋势（图 5-20），且集中于 60％以上。说明该区块压实作用发育，储集层多处于强压实阶段。在 5200～5900m 深度段，视压实率由浅到深变大，而在 5900m 以下深度段，视压实率基本不变。可以推断出，5900m 以上压实作用对储层孔隙度损失有一定影响，而 5900m 以下压实作用对储层减孔效应明显减弱。通过统计克拉苏构造带大北区块 5900m 深度以上和以下两段的颗粒接触类型分布频率（图 5-21），结果表明，在储层埋深小于 5900m 层段，颗粒以点线接触为主；埋深大于 5900m 层段，颗粒之间线-点接触和点-线接触比例相近。

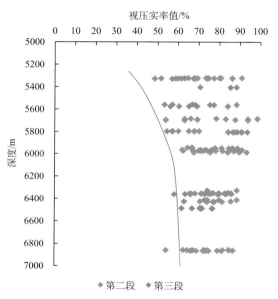

图 5-20　库车拗陷克拉苏构造带大北区块巴什基奇克组视压实率演化图版

库车拗陷大北区块视胶结率由浅到深总体变大，均在 40％以上（图 5-22）。说明该区胶结作用发育，多数井段处于强胶结阶段，少数处于中等胶结阶段。5900m 以上深度段由浅到深视胶结率快速变大，胶结作用快速增强，胶结作用是造成储层减孔的重要因素。从大北区块面孔率随深度的变化曲线可以看出（图 5-23），在 5900m 以上井段，面孔率与视胶结率具有良好的对应关系。随深度增加，面孔率快速变小，视胶结率快速变大，亦可推断胶结作用是造成储层减孔的主要因素。从 5900m 深度段处开始，视胶结率由浅到深保持稳定，并有缓慢变大趋势，而面孔率快速变小，说明 5900m 以下层段胶结作用不是储层减孔的主要因素。

库车拗陷大北区块视溶蚀率由浅到深整体有变小趋势（图 5-24），说明该区溶蚀作用由浅到深发育程度变低。在 5900m 以上深度段处，由浅到深视溶蚀率逐渐增大，第

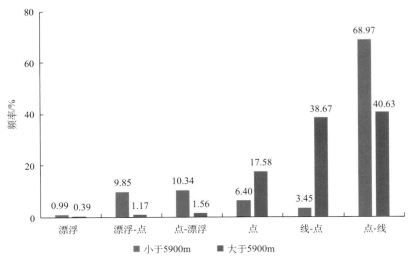

图 5-21 库车拗陷大北区块巴什基奇克组分段颗粒接触类型分布直方图

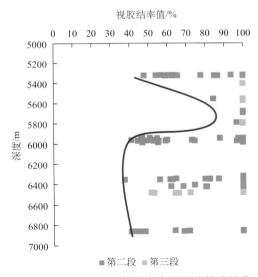

图 5-22 大北区块巴什基奇克组视胶结率演化

三段的一些井段视溶蚀率达到 100%，即溶蚀孔贡献了储层全部孔隙度。5900～6000m 深度段，视溶蚀率迅速变小，如大北 204 井，其视溶蚀率均分布于 25% 以下。视溶蚀孔隙度变化趋势与视溶蚀率基本一致（图 5-24、图 5-25），5900m 以上深度段溶蚀作用贡献了相当一部分储层孔隙。在埋深 5900m 以下，视溶蚀率随深度增加先由低变高再变低，视溶蚀孔隙度相对于 5900m 以上层段也变小，整体上溶蚀作用对储层孔隙度的贡献作用变小，储层孔隙贡献可能来自于其他成因。

库车拗陷大北区块视微孔率由浅到深逐渐变小（图 5-26），说明该区块微孔隙发育

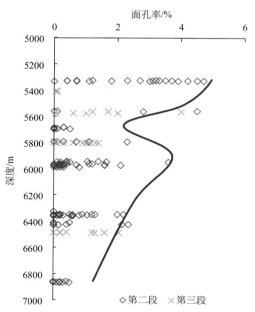

图 5-23 大北区块巴什基奇克组面孔率演化

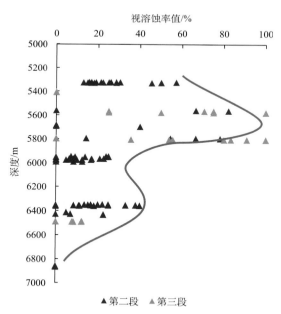

图 5-24 大北区块巴什基奇克组视溶蚀率演化

程度由浅到深逐渐变低（图 5-27）。在埋深 5700m 左右，微孔率出现异常高值，即大北 103 井取心段微孔隙发育。该区块除大北 102 井（取心段位于 5300m 左右）和大北 103 井（取心段位于 5700m 左右）微孔隙发育外，其余井微孔隙均不发育。

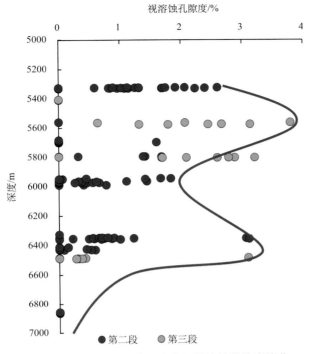

图 5-25 大北区块巴什基奇克组视溶蚀孔隙度演化

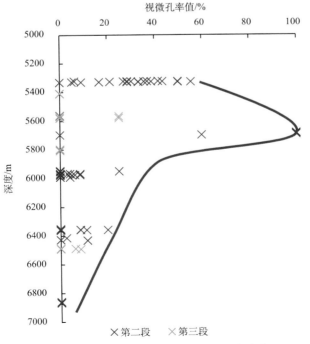

图 5-26 大北区块巴什基奇克组微孔率演化

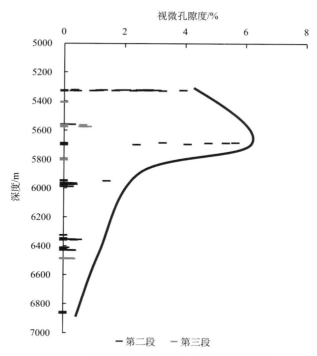

图 5-27　大北区块巴什基奇克组微孔隙演化

　　库车拗陷克拉苏构造带大北区块裂缝发育呈现两段式（图 5-28）。在 5600m 以上深度段，视裂缝率偏低；5600～6000m，视裂缝率由 0 到 100％均有分布，但以低裂缝率为主。在 6000m 以下深度段，裂缝率很低，集中在 20％ 以下。由此得出，大北区块 5600～6000m 井段储层裂缝较为发育，贡献了部分储层孔隙度，是大北区块优质储层形成的重要因素。而在 5600m 以上，裂缝不太发育。裂缝孔隙度的演化趋势与裂缝率基本一致（图 5-29）。

　　综上所述，大北区块各个成岩参数的演化多呈两段式，以 5900m 左右深度为界。在 5900m 以上，视压实率与视胶结率均随着深度增加较为快速地变大，压实与胶结作用损失的孔隙度随深度增加快速变大；而在 5900m 以下，压实与胶结作用造成的储层减孔量较为稳定，随深度增加变化不大。在 5900m 以上，视溶蚀率、视溶蚀孔隙度、视微孔率、视微孔隙度、视裂缝率、视裂缝孔隙度等均随着深度增加变大，对储层孔隙度的建设性作用变强；而在 5900m 深度以下，这六项参数先是快速变小，然后保持相对稳定，其中溶蚀作用、微孔隙、裂缝对储层孔隙的建设性影响变弱。

　　观察大北区块铸体薄片，在埋深 5900m 左右，临近巴什基奇克组第二段不整合面附近，溶蚀作用较为明显。随着深度增加，主要颗粒接触类型由线-点接触过渡到线状接触，镜下可见原生粒间孔和粒间溶蚀孔发育。在埋深大于 5900m 时，颗粒接触类型多为线状-凹凸接触，孔隙类型以粒间溶蚀孔为主，溶孔含量显著小于 5900m 以上层段（图 5-25、图 5-30）。这些镜下特征亦说明 5900m 以上层段随深度增加压实作用较快速

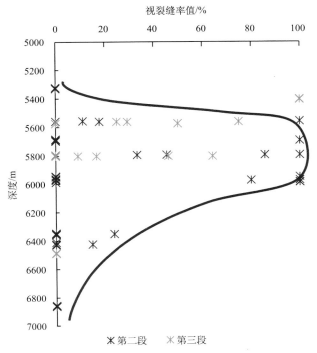

图 5-28   大北区块巴什基奇克组视裂缝率参数演化

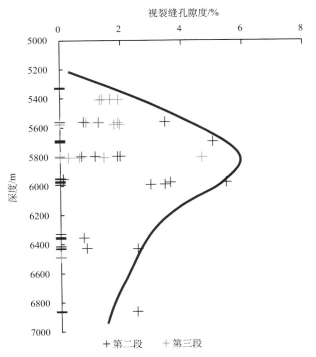

图 5-29   大北区块巴什基奇克组视裂缝孔隙度演化

(a)   (b)   (c)

图 5-30　库车拗陷克拉苏构造带大北区块巴什基奇克组铸体薄片典型特征

（a）大北 202 井，5714.63m，铸体薄片，点-线接触，方解石孔隙式胶结，石英次生加大发育，粒间溶蚀孔发育，蓝色铸体；（b）大北 204 井，5946.7m，铸体薄片，线-凹凸接触，孔隙-镶嵌式胶结，见少量粒间溶蚀孔，红色铸体；（c）大北 203 井，6356.7m，铸体薄片，线-凹凸接触，孔隙-镶嵌式胶结，见少量粒间溶蚀孔，红色铸体

地增强，溶蚀作用相对较强，而 5900m 以下层段随深度增加压实强度变化缓慢，溶蚀作用相对较弱，这与各成岩参数演化趋势是一致的。

下面分层段、分典型井详述大北区块的成岩演化。

（二）巴什基奇克组第二段成岩参数演化特征

1. 第二段整体及典型井成岩参数演化特征

大北区块巴什基奇克组储层第二段整体成岩演化程度高（图 5-31、图 5-32）。压实

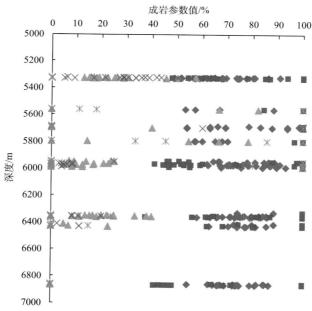

图 5-31　库车拗陷大北区块巴什基奇克组第二段成岩参数演化图版

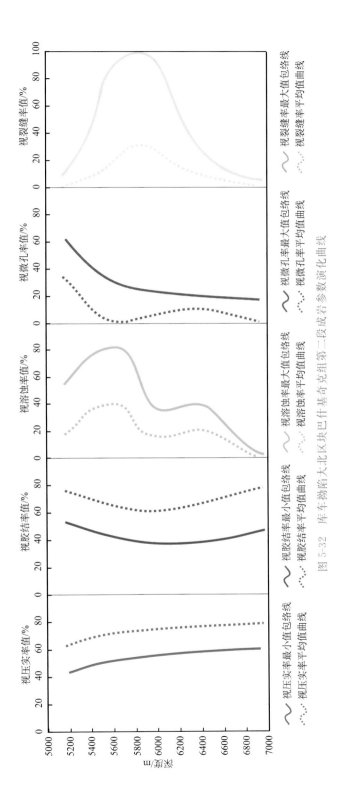

图 5-32 库车拗陷大北区块巴什基奇克组第二段成岩参数演化曲线

与胶结程度都很高，视压实率多在 60% 以上，视胶结率多在 40% 以上。压实程度强，胶结作用多为强胶结，少数中等胶结。视溶蚀率集中分布在 30% 以下，溶蚀发育程度不高，大部分为弱溶蚀，极少数为中等溶蚀甚至强溶蚀，溶蚀作用强的部分集中于 5500~5900m 深度段（大北 2、大北 101 井）。该地区微孔隙不太发育，视微孔率多在 30% 以下。但在 5300~5400m，视微孔率变高。视裂缝率低，整体看裂缝不发育，部分深度段，如 5600~6000m 左右裂缝较发育。

据已有资料，可以完成计算第二段成岩参数演化的井有：大北 6 井、大北 204 井、大北 203 井、大北 2 井、大北 103 井、大北 102 井、大北 101 井。以下以大北 102 井及大北 204 井为例进行说明。

1）大北 102 井

大北 102 井取心井段集中在 5300 余米，视压实率均在 60% 以上，储集层处于强压实阶段。视胶结率集中分布于 50%~100%，多处于强胶结阶段，且相当一部分胶结率为 100%，说明部分层段胶结作用损失了几乎全部的原生孔隙。视溶蚀率集中在 10%~30% 和 40%~60%，多处于弱溶蚀和中等溶蚀阶段。视微孔率分布于 20%~60%，微孔隙较发育。视裂缝率大部分为 0，该井段裂缝不发育（图 5-33）。

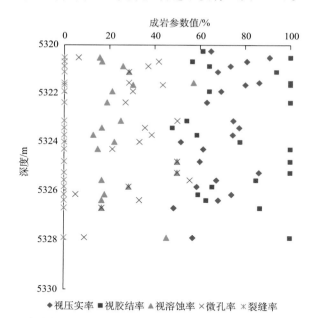

图 5-33　库车拗陷大北 102 井巴什基奇克组第二段成岩参数演化图版

2）大北 204 井

大北 204 井取心井段位于 5900 余米，巴什基奇克组视压实率均在 60% 以上，储集层处于强压实阶段。视胶结率分布于 40% 以上，储集层处于中等胶结与强胶结阶段。视溶蚀率集中分布于 0~30%，储集层处于中等溶蚀与弱溶蚀阶段。微孔率多在 10% 以下，微孔隙发育较弱。裂缝率大部分为 0，少部分较大，甚至为 100%，说明裂缝在大多数层段不发育，个别层段裂缝发育（图 5-34）。

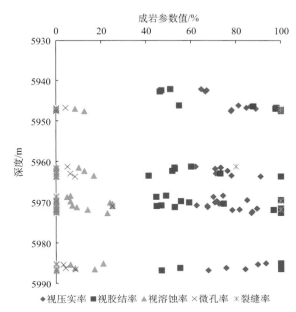

图 5-34   库车拗陷大北 204 井巴什基奇克组第二段成岩参数演化图版

2．大北区块第二段成岩作用强度分布

综合库车拗陷克拉苏构造带大北区块巴什基奇克组第二段资料齐全的井，第二段的成岩参数演化具有如下特征（图 5-35）。据统计，大北区块已有 7 口井钻穿巴什基奇克组，分别是大北 101 井、大北 102 井、大北 2 井、大北 202 井、大北 203 井、大北 204井、大北 302 井，其巴什基奇克组第二段的平均埋深为 6087.5m。目的储层普遍埋深大，成岩作用强烈。成岩强度定量计算结果表明，第二段有 88.31％的数据点处于强压实阶段、81.17％处于强胶结阶段、68.69％处于弱溶蚀阶段、75.76％的数据点微孔隙发育程度低，86.87％的数据点裂缝发育程度低（大北区块巴什基奇克组取心样品以细砂岩占比最大，中砂岩其次，粉砂岩最少）。

（三）巴什基奇克组第三段成岩参数演化特征

大北区块巴什基奇克组第三段整体成岩演化程度高（图 5-36、图 5-37）。压实与胶结程度都很高，视压实率与视胶结率大部分都在 60％以上，属强压实与强胶结。溶蚀作用规律与第二段类似，整体视溶蚀率低，但 5500～5900m 深度段（大北 101 井、大北 1 井）视溶蚀率较高。视微孔率均在 20％以下，微孔隙不发育。视裂缝率多为 0，但在 5500～5900m 深度段（大北 101 井、大北 1 井）裂缝较发育，甚至贡献储层孔隙的大部分。

库车拗陷克拉苏构造带大北区块巴什基奇克组第三段其整体成岩参数分级统计特征如下（图 5-38）。根据目前大北区块巴什基奇克组的钻穿井统计，第三段的平均埋深为

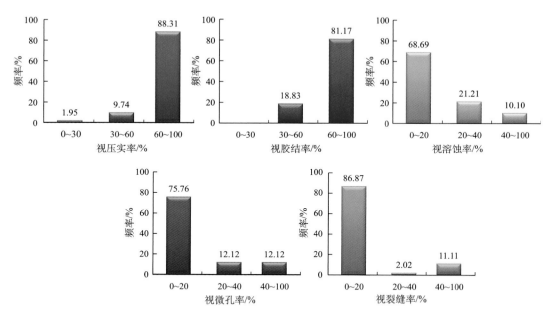

图 5-35 库车拗陷大北区块巴什基奇克组第二段各成岩参数分级分布直方图

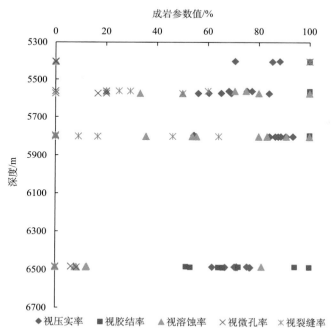

图 5-36 库车拗陷大北区块巴什基奇克组第三段成岩参数演化图版

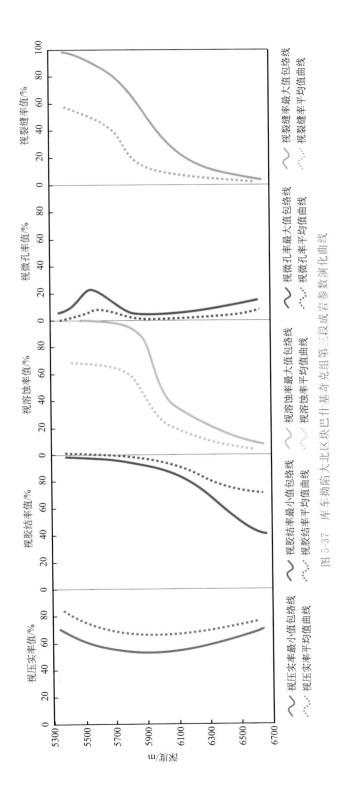

图 5-37 库车拗陷大北区块巴什基奇克组第三段成岩参数演化曲线

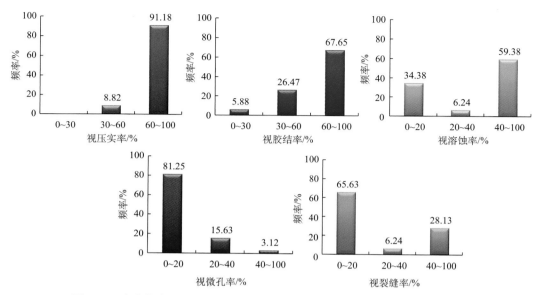

图 5-38　库车拗陷大北区块巴什基奇克组第三段各成岩参数分级分布直方图

6194.4m。目的储层埋深大，成岩作用强烈。经定量计算，第三段有 91.18% 的数据点处于强压实阶段、67.65% 处于强胶结阶段、59.38% 处于强溶蚀阶段、81.25% 的数据点微孔隙发育程度低，65.63% 的数据点裂缝发育程度低，而 28.13% 的高视裂缝率数据比例说明裂缝发育（大北区块第三段取心样品细砂岩占主体，中砂岩其次，粉砂岩最少）。（因大北区块目的层巴什基奇克组第三段埋深深，取样少，配套资料齐全的井少，第三段单井成岩参数演化特征略）。

　　库车拗陷克拉苏构造带大北区块巴什基奇克组第二段、第三段成岩参数对比研究发现（图 5-35、图 5-38，表 5-2）：第三段强压实作用稍强，压实作用主要受控于埋深。第三段处于强胶结演化阶段的数据点的比例小于第二段，而处于中等胶结的比例大于第二段，说明第三段的胶结作用强度稍弱。第三段处于强溶蚀阶段的数据点的比例明显增加，而处于弱溶蚀阶段的比例大大降低，说明第三段的溶蚀作用程度加强。第三段视微孔率低的数据比例稍高于第二段，说明第三段微孔隙的发育程度不如第二段。第三段高视裂缝率数据点的比例比第二段高，而低视裂缝率的比例比第二段低，表明第三段裂缝比第二段发育。

表 5-2　库车拗陷大北区块巴什基奇克组第二段、第三段成岩强度对比表

层段	平均埋深/m	样品数	粉砂岩	细砂岩	中砂岩	压实强度	胶结强度	溶蚀强度	微孔隙发育	裂缝发育
第二段	6087.5	153	$\dfrac{4}{2.6\%}$	$\dfrac{81}{52.9\%}$	$\dfrac{68}{44.4\%}$	弱	强	弱	强	弱
第三段	6194.4	34	$\dfrac{1}{2.9\%}$	$\dfrac{27}{79.4\%}$	$\dfrac{6}{17.6\%}$	强	弱	强	弱	强

注：横线上的数据为样品数，横线下的百分数为其占总样品数的百分比。

（四）成岩参数与岩性关系分析

根据取样情况及薄片镜下观察分析，库车拗陷克拉苏构造带大北区块共有以下三大类岩性，即粉砂岩、细砂岩、中砂岩。细砂岩和中砂岩是该区块的主要岩性，分布广泛。该区块粉砂岩平均埋深为 6191m，细砂岩平均埋深 6136m，中砂岩平均埋深 6038m。统计三种岩性的成岩参数的变化趋势（图 5-39），求取大北区块巴什基奇克组每种岩性对应的视压实率、视胶结率、视溶蚀率、视微孔率、视裂缝率的平均值发现：①视压实率与视胶结率随着岩性变粗均有变小趋势，即随着岩性变粗，压实作用与胶结作用强度减弱；②细砂岩的视溶蚀率高于中砂岩，粉砂岩的视溶蚀率稍高于细砂岩，即随着岩性变粗，溶蚀作用强度减弱；③中砂岩的视微孔率高于细砂岩，细砂岩视微孔率稍高于粉砂岩，即随着岩性变粗，微孔隙发育强度增强；④粉砂岩视裂缝率高于细砂岩，细砂岩的视裂缝率高于中砂岩，即随着岩性变粗，裂缝发育强度减弱。因此，大北区块巴什基奇克组中砂岩具有相对较高的视溶蚀率和视裂缝率，储层质量相对较好。

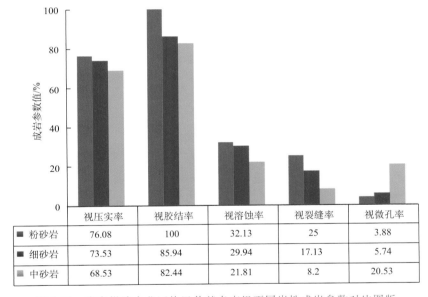

	视压实率	视胶结率	视溶蚀率	视裂缝率	视微孔率
粉砂岩	76.08	100	32.13	25	3.88
细砂岩	73.53	85.94	29.94	17.13	5.74
中砂岩	68.53	82.44	21.81	8.2	20.53

图 5-39　库车拗陷大北区块巴什基奇克组不同岩性成岩参数对比图版

三、克深区块储层定量成岩作用特征

克深区块巴什基奇克组发育较为完整的第一、第二、第三段。第一段成岩参数演化所需配套资料完整的仅有克深 201 井；第二段有克深 1 井、克深 2 井、克深 201 井、克深 202 井；第三段仅有克深 2 井。第二段数据资料相对丰富。

库车拗陷克拉苏构造带碎屑岩储层成因机制与发育模式

（一）克深区块巴什基奇克组储层成岩参数整体演化趋势

根据已有资料计算得出克深区块巴什基奇克组成岩参数并成图（图 5-40、图 5-41）。

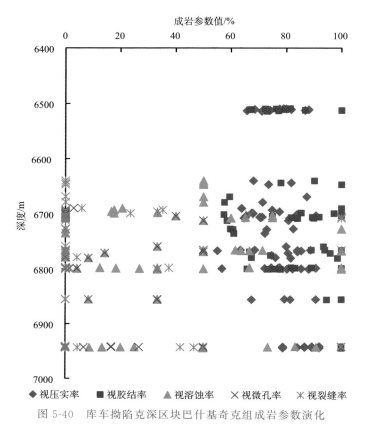

图 5-40　库车拗陷克深区块巴什基奇克组成岩参数演化

克深区块巴什基奇克组整体成岩演化程度高。其成岩演化参数视压实率与视胶结率多在 60% 以上。压实程度强，胶结作用强。视溶蚀率分布分散，0～100% 均有分布。该区块溶蚀发育程度高，高溶蚀率的井段多集中在 6700m 以下。视微孔率多在 40% 以下，该地区微孔隙不太发育，但在 6600～6700m，视微孔率变高。视裂缝率与视微孔率特征相似，宏观裂缝发育［图 3-3（f）］。

克深区块巴什基奇克组由浅到深视压实率有先变小再变大的趋势（图 5-42），视压实率均在 60% 以上，属强压实。在 6400～6700m 深度段，由浅到深视压实率变小，在 6700m 左右，储层视压实率达到最小，压实作用程度最小，其对储层孔隙的减孔影响也最小，推断在该层段处储层有一定的欠压实现象。在深度大于 6700m 的井段，视压实率由浅到深逐渐变大，压实作用对储层减孔的作用变大，对储层孔隙度降低起到控制作用。

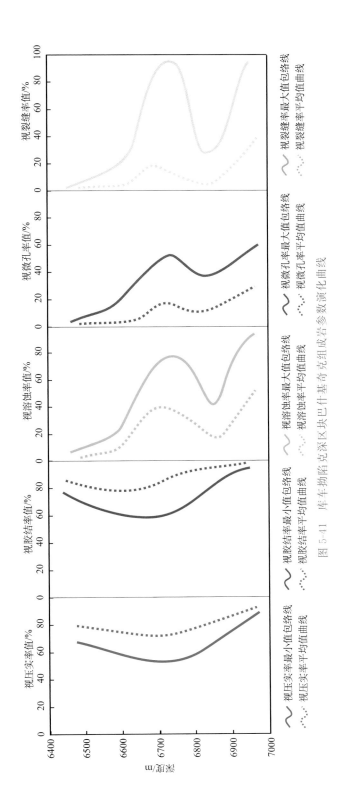

图 5-41 库车拗陷克深区块巴什基奇克组成岩参数演化曲线

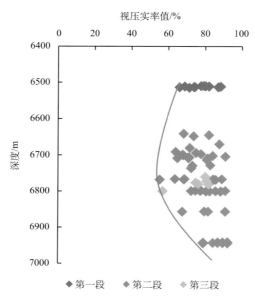

图 5-42　库车拗陷克深区块巴什基奇克组视压实率演化

　　观察克深区块的薄片资料，该区块的颗粒接触类型主要有：漂浮接触、漂浮-点接触、点接触、线点接触、点线接触、线接触、线-凹凸接触、凹凸接触八种。前四种代表压实作用相对较弱，后四种代表压实作用相对较强。通过统计发现，小于 6700m 埋深的储层颗粒接触类型以前四类为主，大于 6700m 埋深的储层颗粒接触类型以后四类为主，这与视压实率演化曲线是一致的。

　　克拉苏构造带克深区块视胶结率由浅到深先变小后变大，均在 50% 以上（图 5-43）。说明该区块胶结作用发育，多数井段处于强胶结阶段，仅在 6700m 左右视胶结率最低的深度处储集层处于中等胶结阶段。6700m 以上井段由浅到深视胶结率变小，胶结作用对储层的减孔作用影响变小。6700m 左右深度段视胶结率达到最小值，胶结作用对储层减孔的影响最小。埋深 6700m 以下深度段，视胶结率快速变大，胶结作用对储层减孔的影响变强。从克深区块实测孔隙度的曲线可以看出（图 5-44），以井深 6700m 为界，储层孔隙度由浅到深先变大后变小。该曲线与视胶结率曲线有良好的对应关系，说明胶结作用是控制储层孔隙度演化的重要因素。

　　在 6450～7000m 深度段，克深区块视溶蚀率由浅到深有变大趋势（图 5-45）。在 6700m 以上深度段，视溶蚀率由浅到深快速变大，溶蚀作用对储层孔隙的建设性影响在变大，溶蚀作用快速变强。6700m 以下深度段，视溶蚀率分布均匀，0～100% 均有分布，由浅到深有缓慢变大的趋势。溶蚀作用对储层增孔的影响达到最大，甚至溶蚀增孔贡献了储层的全部孔隙。

　　在 6500～7000m 深度段，克深区块视微孔率由浅到深有变大趋势（图 5-46）。6700m 以上深度段，视微孔率由浅到深变大，微孔隙对储层孔隙的建设性影响逐渐变大。在井深 6700m 左右，微孔隙对储层增孔的作用达到最大，在其以下深度段，微孔

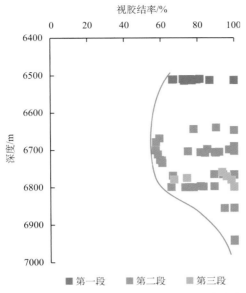

图 5-43 克深区块巴什基奇克组视胶结率演化

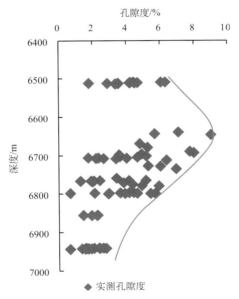

图 5-44 克深区块巴什基奇克组实测孔隙度演化

率值的变化不大。

在 6500～7000m 深度段，克深区块视裂缝率由浅到深有变大趋势，同样呈现两段式（图 5-47）。6700m 以上深度段，视裂缝率由浅到深快速变大但整体值偏低，因部分薄片中仅见裂缝，未见其他可视孔隙，导致视裂缝率高，但对储层贡献不大，对储层孔

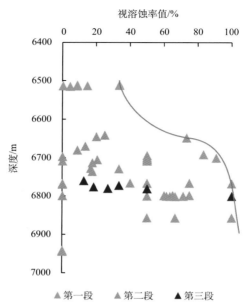

图 5-45 克深区块巴什基奇克组视溶蚀率演化

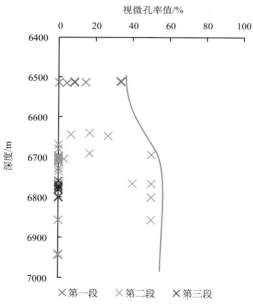

图 5-46 克深区块巴什基奇克组视微孔率演化

隙的建设性影响不大。接近 6700m 深度处时，视裂缝率可以达到或接近 100%，对储层次生孔隙的增孔作用明显。在井深 6700m 以下，随深度增加，裂缝率主体上有变小趋势，但个别井段裂缝发育，甚至可以贡献储层全部的孔隙度。

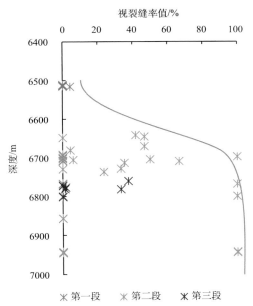

图 5-47　克深区块巴什基奇克组视裂缝率演化

　　根据库车坳陷克拉苏构造带克深区块总面孔率、杂基含量、胶结物含量的演化趋势，结合克深区块的杂基含量、胶结物含量、总面孔率随深度变化可以看出（图 5-48）：

　　杂基含量以 6700m 为界呈现两段式。随深度增加，在浅于 6700m 的深度段，杂基逐渐变少，而在 6700m 以下，杂基含量变大。这与视压实率的演化趋势一致，可以推断，杂基作为塑性填隙物，是影响压实减孔的主要因素。随着杂基含量变小，压实作用对储层减孔的影响程度也变小。

　　胶结物含量在 6700m 深度段以上逐渐变小，这与视胶结率变小的趋势是一致的。而在 6700～6800m 深度段胶结物含量达到最大，该段的视胶结率也达到最大。在井深6800m 以下，胶结物含量开始下降，视胶结率却不断增大。这是压实后剩余孔隙度快速变小的原因。

　　克深区块巴什基奇克组储层总面孔率发育呈现多段式。在井深浅于 6700m 的井段，储层面孔率随着深度缓慢变大，溶蚀作用、微孔隙、裂缝等建设性成岩作用对储层孔隙的影响稍大于压实、胶结等破坏性成岩作用。从成岩参数的变化趋势来看，该深度段视溶蚀率快速增大，视微孔率增大，视裂缝率增大，但视微孔率值整体偏低，所以该深度段面孔率的增大主要归因于溶蚀作用和裂缝的发育。在 6700～6800m 深度段处，面孔率快速增大并达到最大值。在该深度段，视压实率与视胶结率均值偏低，溶蚀作用发育、裂缝发育、微孔隙达到最大值，因此面孔率快速增大。6800m 以下深度段，储层面孔率迅速下降。尽管溶蚀作用和裂缝发育，但压实作用和胶结作用强烈，微孔隙发育减弱，这是造成面孔率下降的主要原因。

　　下面分层段、分井区详述克深区块的成岩演化。

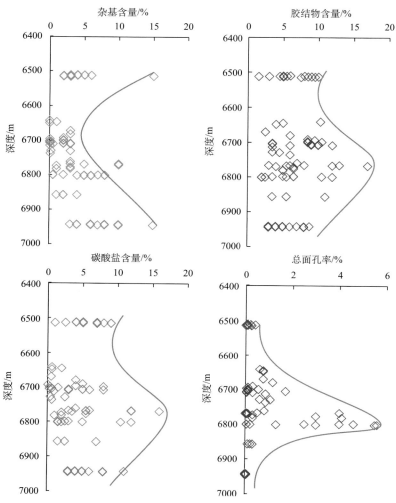

图 5-48 库车拗陷克深区块巴什基奇克组杂基含量、胶结物含量、
碳酸盐含量、总面孔率与深度关系图

（二）巴什基奇克组第一段成岩参数演化特征

根据已有资料，计算第一段成岩演化参数所需配套资料齐全的仅克深 201 井。

1. 第一段代表井成岩参数演化特征（克深 201 井）

克深 201 井的资料显示（埋深 6500 余米），克拉苏构造带克深区块巴什基奇克组第一段整体演化程度较高（图 5-49）。视压实率与视胶结率均在 60％以上，储集层处于强压实和强胶结阶段。视溶蚀率全部在 40％以下，溶蚀程度不高，处于弱溶蚀和中等溶蚀阶段。视微孔率小于 40％，储集层处于低微孔与中等微孔状态。镜下裂缝不发育，

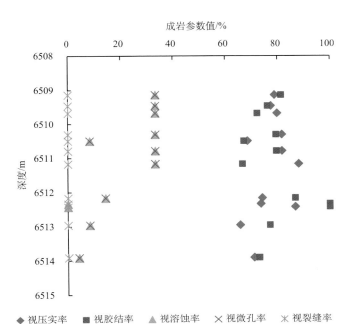

图 5-49　库车拗陷克深区块克深 201 井巴什基奇克组第一段成岩参数演化图版

视裂缝率为 0。

2. 克深区块第一段成岩作用强度分布

下面对克深 201 井第一段五种成岩参数各自的分布特征进行简述（图 5-50）。

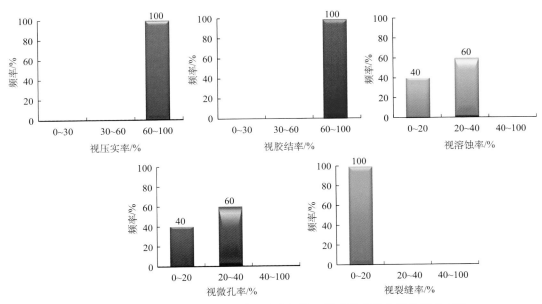

图 5-50　库车拗陷克深区块巴什基奇克组第一段成岩参数分级分布直方图

克深 201 井巴什基奇克组第一段处于强压实强胶结阶段，取心段样品视压实率与视胶结率均大于 60％，压实作用、胶结作用强烈。镜下颗粒接触关系以点-线接触和线接触为主，胶结类型有孔隙-压嵌式、孔隙-薄膜式、加大-压嵌式等。岩心测试平均孔隙度为 4.16％。溶蚀作用较强，60％处于中等溶蚀阶段，40％处于弱溶蚀阶段。微孔隙较发育，60％取心段样品为中等视微孔率，40％为低视微孔率。在该取心段不发育裂缝，100％样品为低视裂缝率。

（三）巴什基奇克组第二段成岩参数演化特征

1. 第二段成岩参数演化特征

计算巴什基奇克组第二段成岩参数所需配套资料齐全的井有克深 1 井、克深 2 井、克深 201 井、克深 202 井。

下面选取资料相对丰富的代表井克深 202 井详述其成岩参数演化。

克深 202 井在 6700 余米取心，岩性主要为中粒岩屑砂岩。岩心样品的视压实率多分布于 60％以上，压实作用强（图 5-51）。视胶结率均大于 60％，处于强胶结阶段。视溶蚀率高，多在 40％以上，溶蚀作用发育。视微孔率与视裂缝率低，大多为 0，个别深度段发育一些微孔隙与微观裂缝。溶蚀作用是储层主要的增孔因素。

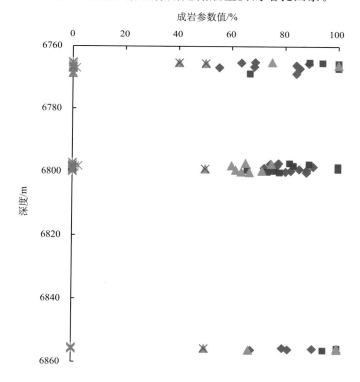

图 5-51　库车拗陷克深 202 井巴什基奇克组第二段成岩参数演化图版

2. 第二段成岩作用强度分布

克拉苏构造带克深区块巴什基奇克组第二段取心段储层样品均处于强压实阶段，整体压实强度高。对于胶结作用，有91.53%的取心段样品处于强胶结阶段，其余8.47%为中等胶结。整体胶结作用强度较高。溶蚀作用强，62.22%的取心段样品处于强溶蚀阶段，8.89%处于中等溶蚀阶段，28.89%处于弱溶蚀阶段。微孔隙不发育，86.67%取心段样品的视微孔率低，11.11%为高视微孔率，2.22%为中等视微孔率。裂缝不太发育，68.89%取心段样品为低视裂缝率，24.44%为高视裂缝率，6.67%为中等视裂缝率（图5-52）。

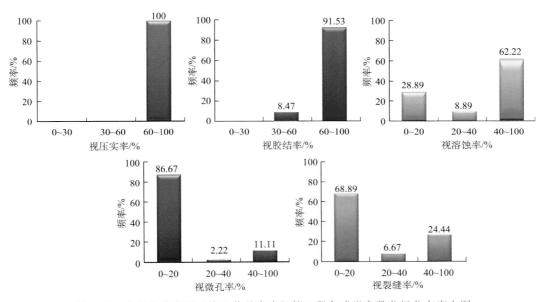

图5-52 库车拗陷克深区块巴什基奇克组第二段各成岩参数分级分布直方图

（四）巴什基奇克组第三段成岩参数演化特征

克拉苏构造带克深区块巴什基奇克组第三段成岩参数研究所需的配套数据齐全的井仅有克深2井、克深5井，共6个数据点。成图结果不足以代表巴什基奇克组第三段整体演化趋势，此处不再详细叙述。

综合巴什基奇克组第一段、第二段、第三段数据，比较结果如下：克深区块巴什基奇克组储层整体均处于强压实阶段，视压实率均大于60%。第二段处于强胶结阶段的样品点比例低于第一段和第三段，而处于中等胶结的比例高于第一段和第三段，所以第二段的胶结作用强度稍弱。第二段样品点视溶蚀率大于40%的比例远大于第一段和第三段，说明第二段的溶蚀作用要强于第一段和第三段。相似地，第二段视微孔率和视裂缝率大于40%的比例大于第一段和第三段，其微孔隙发育和裂缝发育均优于第一段和第三段。综上可以发现，克深区块第二段溶蚀作用、微孔隙、裂缝等建设性成岩作用发育程度比第一段和第三段高，而胶结作用发育程度低于第一段和第三段，是有利储层发育层段。

（五）成岩参数与岩性关系分析

根据取样情况及薄片镜下观察分析，库车拗陷克拉苏构造带克深区块巴什基奇克组主要为粉砂岩、细砂岩、中砂岩。研究这些岩性的成岩参数与成岩参数之间的关系，可以看出，克深区块巴什基奇克组压实作用和胶结作用受岩性影响较为明显，粉砂岩、细砂岩、中砂岩的视压实率和视胶结率均依次降低，即随着岩石粒度变粗，压实作用和胶结作用强度变弱。中砂岩的视溶蚀率低于细砂岩，视微孔率高于细砂岩，视裂缝率低于细砂岩。随着岩性变粗，溶蚀作用变弱，微孔隙发育程度变强，裂缝发育变弱（图 5-53）。

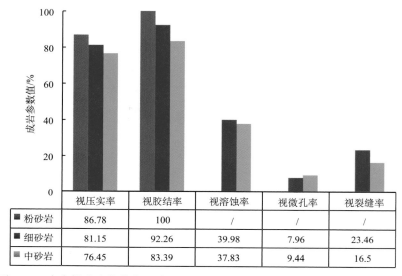

	视压实率	视胶结率	视溶蚀率	视微孔率	视裂缝率
■ 粉砂岩	86.78	100	/	/	/
■ 细砂岩	81.15	92.26	39.98	7.96	23.46
■ 中砂岩	76.45	83.39	37.83	9.44	16.5

图 5-53 库车拗陷克拉苏构造带克深区块巴什基奇克组不同岩性成岩参数对比

克深区块巴什基奇克组储层随着岩性变粗，压实作用及胶结作用明显减弱，残余原生粒间孔增加，但细砂岩和中砂岩溶蚀作用强度相近，中砂岩稍弱，综合各个成岩参数，克深区块中砂岩储层的质量相对较好。

四、巴什基奇克组成岩参数区域对比分析

目前，克拉苏构造带是库车拗陷天然气勘探的主要地区，包括克拉区块、大北区块和克深区块等三个区块。其中克拉区块位于克拉苏逆冲走滑主断裂的上盘，埋深浅，为 2300～4400m；大北区块位于断裂下盘，巴什基奇克组第一段被剥蚀，第二段和第三段现今埋深为 5300～7400m；克深区块位于克拉苏逆冲走滑主断裂下盘，埋深为 6500～8300m，埋深较大。

由于三个重点勘探区块巴什基奇克组第二段发育完整，且有相对丰富的取心资料，因此，大北、克深、克拉三个区块的成岩参数对比研究以第二段为例。

三区块的成岩强度参数对比表明，克拉区块巴什基奇克组第二段储层主要处于中等压实（频率97.04%）（图5-14），大北区块（图5-35）及克深区块（图5-52）则主要处于强压实（频率分别为88.31%、100%），因此克深区块压实强度大北区块，大北区块大于克拉区块，埋深可能是压实作用强度最重要的影响因素。三区块处于强胶结的样品频率在80%以上，表明胶结程度均较强。比较而言，克拉区块巴什基奇克组第二段储层胶结强度强于克深区块，克深区块胶结强度强于大北区块。三区块巴什基奇克组第二段储层溶蚀强度有差异，大北区块视溶蚀率主要小于20%，克深区块溶蚀强度居中，克拉区块溶蚀强度最大。三区块巴什基奇克组第二段储层视微孔率均较低，微孔隙不发育，视微孔率均小于20%。三区块比较而言，微孔隙大北区块发育强度强于克深区块，克深区块强于克拉区块。三区块视裂缝率也较低，相对而言，克深区块裂缝发育程度强于大北区块，大北区块强于克拉区块（表5-3）。

表5-3 库车拗陷克拉苏构造带各区块巴什基奇克组第二段成岩作用强度对比表

成岩作用	发育强度/程度
压实作用	克深>大北>克拉
胶结作用	克拉>克深>大北
溶蚀作用	克拉>克深>大北
微孔隙发育	大北>克深>克拉
裂缝发育	克深>大北>克拉

通过比较库车拗陷克拉苏构造带三个区块巴什基奇克组第二段储层平均埋深、不同岩性组成、岩心实测平均孔隙度大小，结合主要成岩作用强度的分布，可初步预测三区块优质储层分布的状况（表5-4）。三区块胶结作用强度相近，均属强胶结，但压实作用强度、溶蚀作用强度有显著差异，且溶蚀作用对孔隙度的贡献程度大幅高于微孔隙和裂缝（镜下薄片对裂缝的表征存在尺度问题，因此裂缝对储层孔隙度的影响要结合宏观裂缝研究）。克拉区块埋深浅，压实作用显著弱于大北区块及克深区块，残余原生粒间孔隙度保留较多，且溶蚀作用显著强于大北区块及克深区块，中砂岩含量明显高于大北区块及克深区块。克拉区块在研究区储层质量最好，平均孔隙度可达14.96%。克深区

表5-4 库车拗陷克拉苏构造带各区块巴什基奇克组第二段埋深-岩性-物性-成岩作用强度对比表

区块	平均埋深/m	岩性及其含量	平均实测孔隙度/%	压实作用强度	胶结作用强度	溶蚀作用强度	微孔隙发育	裂缝发育
克拉区块	3795	中砂岩58.0% 细砂岩39.1%	14.96	中	强	强	弱	弱
大北区块	6077	细砂岩52.6% 中砂岩44.9%	4.09	强	强	弱	弱	弱
克深区块	6792	中砂岩53.4% 细砂岩46.6%	3.48	强	强	强	弱	弱

块溶蚀作用强于大北区块，微孔隙稍弱于大北区块，但由于其埋深大于大北区块，压实作用强烈，因此，克深区块的平均孔隙度稍低于大北区块。但是克深区块取心样品镜下面孔率大于大北区块，这可能是由于两区块裂缝开度不同造成的。大北区块裂缝开度较大，薄片镜下难以表达，但宏观上对增加孔隙度起到了关键作用，导致镜下观察面孔率较小，但岩心实测孔隙度较大。

第三节　定量成岩相的分类与分布特征

将研究区视压实率平面分布图、视胶结率平面分布图和视溶蚀率平面分布图三种图件在平面上进行叠加，可以定量划分出克拉苏地区白垩系巴什基奇克组不同成岩作用强度分布平面图，再结合沉积相平面分布图、物性平面分布图，确定成岩相分布特征（三区块视微孔率均偏小，对储层影响不大；视裂缝率的统计存在尺度表达问题，故未选用这两种参数）。

在研究成岩相时，开展分层段细化研究。由于大北区块缺失第一段，克拉区块与克深区块第一段能够支持定量成岩演化计算的井偏少，进行单井成岩参数平均值计算后数据偏少，不足以预测平面上成岩相展布，因此，本节主要是针对巴什基奇克组第二段和第三段进行成岩相平面分布研究。

一、第二段成岩相平面分布特征

通过计算库车拗陷克拉苏构造带巴什基奇克组第二段单井成岩参数的平均值，将视压实率、视胶结率、视溶蚀率的三个成岩参数组合起来，共在第二段划分出胶结物以碳酸盐为主的五种成岩相类型（表 5-5）。根据单井成岩相类型，确定克拉苏构造带第二段成岩相平面展布图（图 5-54）。

表 5-5　库车拗陷克拉苏构造带巴什基奇克组第二段单井成岩相分类

区块	井名	视压实率/%	视胶结率/%	视溶蚀率/%	成岩相定名
克拉 区块	克拉 2	49.32	88.38	82.86	中压实强胶结强溶蚀成岩相
	克拉 201	43.98	84.73	77.12	中压实强胶结强溶蚀成岩相
	克拉 205	52.05	43.72	30.62	中压实中胶结中溶蚀成岩相
	克拉 3	43.42	86.02	76.31	中压实强胶结强溶蚀成岩相
大北 区块	大北 6	66.31	86.72	0	强压实强胶结弱溶蚀成岩相
	大北 204	76.91	72.47	8.84	强压实强胶结弱溶蚀成岩相
	大北 203	73.96	83.46	21.11	强压实强胶结中溶蚀成岩相
	大北 2	63.41	96.09	87.2	强压实强胶结强溶蚀成岩相
	大北 103	75.78	100	5.71	强压实强胶结弱溶蚀成岩相
	大北 102	63.69	77.28	27.01	强压实强胶结等溶蚀成岩相
	大北 101	63.6	99.52	42.75	强压实强胶结强溶蚀成岩相

续表

区块	井名	视压实率/%	视胶结率/%	视溶蚀率/%	成岩相定名
克深区块	克深1	85.65	100	0	强压实强胶结弱溶蚀成岩相
	克深2	75.44	78.85	36.5	强压实强胶结等溶蚀成岩相
	克深201	71.52	87.87	41.67	强压实强胶结强溶蚀成岩相
	克深202	78.81	90.52	54.76	强压实强胶结强溶蚀成岩相

（一）强压实强胶结强溶蚀成岩相

该成岩相在克拉苏构造带主断裂下盘分布广泛，主要分布于克深区块东部和大北区块西部，地层埋深大（大于5500m），多处在中成岩A2阶段（表5-6）。视压实率多为60%～90%，属强压实。视胶结率均为60%～100%，属强胶结。视溶蚀率多为50%～100%，属强溶蚀。发育该类成岩相的储层物性质量偏好。

表5-6 库车拗陷克拉苏构造带强压实强胶结强溶蚀成岩相岩性-物性-埋深分布表

成岩相名	井名	不同岩性含量/%			埋深/m	孔隙度/%
		粉砂岩	细砂岩	中砂岩		
强压实强胶结强溶蚀成岩相	克深201	5	10	85	6570	3.74
	克深202	0	19.0	81.0	6797	2.93
	大北101	0	71.4	28.6	5793	2.22
	大北2	0	0	100	5557	5.83

（二）强压实强胶结弱溶蚀成岩相

该类成岩相主要分布在大北区块的东部及克深区块的西部（克深1井区），岩性以细砂岩为主，其次为中砂岩（表5-7）。大北区块视压实率集中在60%～90%，而克深区块视压实率则在80%以上。大北区块视胶结率为50%～100%，克深区块则在90%以上。大北区块的视溶蚀率为0～20%，而克深区块克深1井视溶蚀率几乎全部为0。总体上，克深区块的压实、胶结强度稍高于大北区块，而溶蚀强度则低于大北区块，自西向东压实、胶结强度有变高的趋势。该类成岩相不利于储层孔隙的发育，不利于优质储层的形成。

表5-7 库车拗陷克拉苏构造带强压实强胶结弱溶蚀成岩相岩性-物性-埋深分布表

成岩相名	井名	不同岩性含量/%			埋深/m	孔隙度/%
		粉砂岩	细砂岩	中砂岩		
强压实强胶结弱溶蚀成岩相	克深1	0	100	0	6942	1.88
	大北6	0	28.6	71.4	6858	3.95
	大北204	0	75.8	24.2	5965	4.28
	大北103	26.7	46.7	26.7	5689	4.37

127

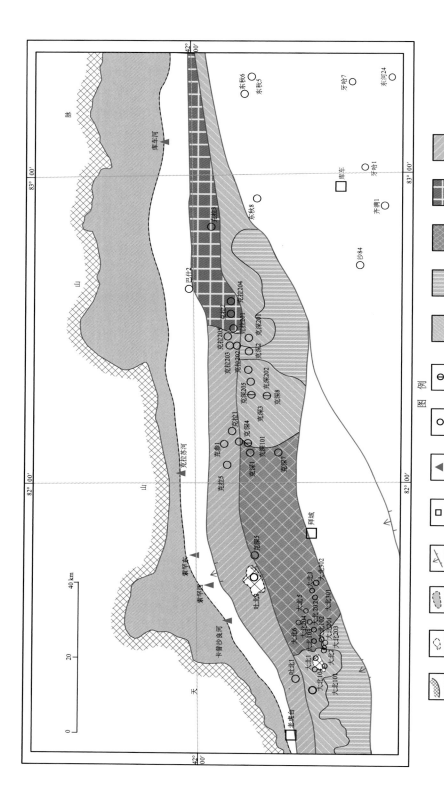

图 5-54　库车拗陷克拉苏构造带白垩系巴什基奇克组第二段成岩相展布图

（三）强压实强胶结中溶蚀成岩相

这类成岩相分布较为分散，面积小，主要分布在大北区块南部和克深区块南部的局部地区。具有埋深大，岩性中细砂岩、中砂岩含量相近的特征（表5-8）。在大北102和大北203井区，视压实率多为60%～90%，视胶结率在60%以上，视溶蚀率为10%～40%。在克深2井区，视压实率在70%以上，视胶结率在60%以上，视溶蚀率分布较为分散，但集中于20%～50%。该类成岩相的储层质量一般。

表5-8　库车拗陷克拉苏构造带强压实强胶结中溶蚀成岩相岩性-物性-埋深分布表

成岩相名	井名	不同岩性含量/%			埋深/m	孔隙度/%
		粉砂岩	细砂岩	中砂岩		
强压实强胶结中溶蚀成岩相	克深2	0	41.2	58.8	6692	5.76
	大北203	0	75	25	6376	3.32
	大北102	0	7.7	92.3	5324	5.17

（四）中压实强胶结强溶蚀成岩相

这类成岩相分布于克拉苏主断裂的上盘，埋深浅（深度为3900m左右），压实作用相对较弱，具体分布在克拉区块的东部，以中砂岩为主，细砂岩含量次之，物性好（表5-9）。其视压实率均为30%～60%，视胶结率在80%以上，视溶蚀率多为70%～90%。该类成岩相次生孔隙发育，利于优质储层的形成。

表5-9　库车拗陷克拉苏构造带中压实强胶结强溶蚀成岩相岩性-物性-埋深分布表

成岩相名	井名	不同岩性含量/%			埋深/m	孔隙度/%
		粉砂岩	细砂岩	中砂岩		
中压实强胶结强溶蚀成岩相	克拉2	0	67.4	32.6	3780	13.81
	克拉201	2.4	20.2	77.4	3801	15.82
	克拉3	50	50	0	3737	11.1

（五）中压实中胶结中溶蚀成岩相

该类成岩相分布在克拉区块的西部，代表井为克拉205井，取心段为较短，为细砂岩，物性好（表5-10）。视压实率为40%～60%，视胶结率为30%～60%，视溶蚀率多为20%～40%。该类成岩相原生粒间孔隙相对保存较好，溶蚀次生孔隙也较为发育，也利于形成优质的储集层。

表5-10　库车拗陷克拉苏构造带中压实中胶结中溶蚀成岩相岩性-物性-埋深分布表

成岩相名	井名	不同岩性含量/%			埋深/m	孔隙度/%
		粉砂岩	细砂岩	中砂岩		
中压实中胶结中溶蚀成岩相	克拉205	0	100	0	3908	13.9

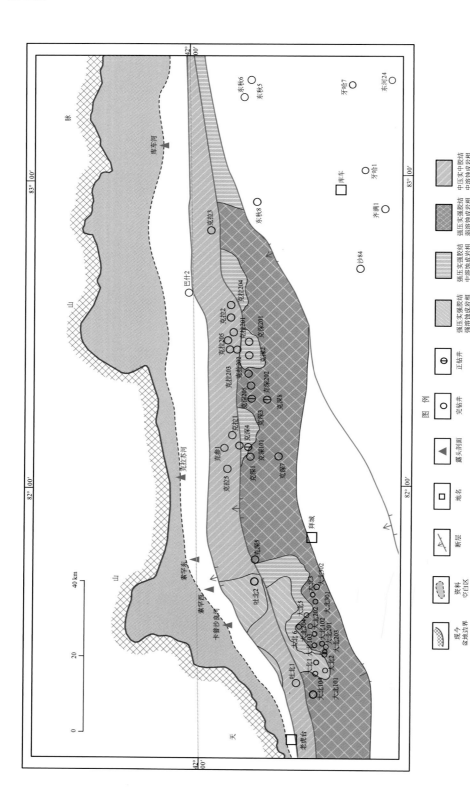

图 5-55　库车拗陷克拉苏构造带白垩系巴什基奇克组第三段成岩相展布图

二、第三段成岩相平面分布特征

通过计算第三段单井成岩参数的平均值，将视压实率、视胶结率、视溶蚀率的三个参数组合起来，在第三段共划分出四种成岩相类型（表 5-11）。根据单井成岩相类型确定了克拉苏构造带第三段成岩相平面展布（图 5-55）。

表 5-11　库车拗陷克拉苏构造带巴什基奇克组第三段单井成岩相分类

区块	井名	视压实率/%	视胶结率/%	视溶蚀率/%	成岩相
大北吐北区块	大北 203	71.39	70.33	16.31	强压实强胶结弱溶蚀成岩相
	吐北 2	70.54	100	68.07	强压实强胶结强溶蚀成岩相
	大北 1	69.45	100	67.66	强压实强胶结强溶蚀成岩相
	大北 102	78.71	100	0	强压实强胶结弱溶蚀成岩相
	大北 101	84.55	100	74.92	强压实强胶结强溶蚀成岩相
克深区块	克深 2	78.61	85.95	28.2	强压实强胶结中等溶蚀成岩相
克拉区块	克拉 201	46.52	88.61	73.12	中等压实强胶结强溶蚀成岩相
	克拉 3	55.45	99.29	80.95	中等压实强胶结强溶蚀成岩相

（一）强压实强胶结强溶蚀成岩相

该成岩相主要分布在大北区块的西北部，大北 1、大北 101、吐北 2 井区，岩性以细砂岩为主（表 5-12）。其视压实率大多在 60% 以上，视胶结率为 100%，视溶蚀率大多在 40% 以上，该类成岩相带有利于优质储层的发育。

表 5-12　库车拗陷克拉苏构造带强压实强胶结强溶蚀成岩相岩性-物性-埋深分布表

成岩相名	井名	不同岩性含量/%			埋深/m	孔隙度/%
		粉砂岩	细砂岩	中砂岩		
强压实强胶结强溶蚀成岩相	大北 1	0	100	0	5569	3.61
	大北 101	0	77.8	22.2	5800	3.50
	吐北 2	0	33.3	66.7	4129	8.53

（二）强压实强胶结弱溶蚀成岩相

该成岩相主要分布在克拉苏断裂带下盘，埋深大于 5000m，代表井为大北 203 井、大北 102 井；岩性以细砂岩为主（表 5-13）。视压实率与视胶结率均在 60% 以上。视溶蚀率大多低于 20%。该类成岩相不利于优质储层的形成。

131

表 5-13　库车拗陷克拉苏构造带强压实强胶结弱溶蚀成岩相岩性-物性-埋深分布表

成岩相名	井名	不同岩性含量/%			埋深/m	孔隙度/%
		粉砂岩	细砂岩	中砂岩		
强压实强胶结弱	大北 203	0	100	0	6485	2.96
溶蚀成岩相	大北 102	25	25	50	5403	1.57

（三）中压实强胶结强溶蚀成岩相

该类成岩相分布于克拉苏断裂带的上盘，埋深浅（埋深为 3900m 左右），代表井有克拉 201 井、克拉 3 井，岩性以中砂岩为主，细砂岩次之。克拉 3 井第三段岩性多为粉砂岩，孔隙类型以溶蚀孔为主，总孔隙度较低（表 5-14）。该类成岩相对应的储层压实强度较弱，视压实率多为 30%～60%，视胶结率多在 80% 以上，而视溶蚀率多为60%～90%。该类成岩相有利于优质储层的发育。

表 5-14　库车拗陷克拉苏构造带中压实强胶结强溶蚀成岩相岩性-物性-埋深分布表

成岩相名	井名	不同岩性含量/%			埋深/m	孔隙度/%
		粉砂岩	细砂岩	中砂岩		
中压实强胶结	克拉 201	2.9	34.3	62.8	3932	11.3
强溶蚀成岩相	克拉 3	66.7	33.3	0	3823	2.23

（四）强压实强胶结中等溶蚀成岩相

该类成岩相分布于断裂的下盘克深区块北部，代表井克深 2 井（表 5-15）。在克深2 井区，视压实率与视胶结率均达到 70% 以上，视溶蚀率为 10%～50%，但集中于20%～40%。该类成岩相利于形成较优质的储层。

表 5-15　库车拗陷克拉苏构造带强压实强胶结中溶蚀成岩相岩性-物性-埋深分布表

成岩相名	井名	不同岩性含量/%			埋深/m	孔隙度/%
		粉砂岩	细砂岩	中砂岩		
强压实强胶结 中溶蚀成岩相	克深 2	0	60	40	6773	4.5

综上所述，可以看出，克拉苏断裂上盘的巴什基奇克组埋深浅，压实作用强度明显弱于断裂下盘。在断裂上盘，自西向东巴什基奇克组储层的溶蚀作用有加强的趋势，溶蚀作用产生的次生孔隙有效改善储层质量。在断裂下盘，巴什基奇克组第二段克深区块东部溶蚀作用发育，大北东部和克深区块西部，溶蚀作用较弱。第三段成岩相类型较单一，在大北区块西部，大北 1 井区溶蚀作用发育较强。由于大北 1 井区位于剥蚀区附近，表生溶蚀作用强烈，导致大北 1 井区溶蚀作用较强。整体来看，断裂下盘自北向南，溶蚀作用有减弱的趋势。

第六章 巴什基奇克组储层裂缝发育特征

库车拗陷克拉苏构造带大北区块及克深区块白垩系巴什基奇克组储层具有埋深深度大，成岩演化强，储层非均质性明显的特征。两区块目的层的岩心及薄片中均可见丰富裂缝发育，裂缝的存在有效改善了储层质量。本章以大北区块及克深区块为研究对象，从露头、岩心、薄片资料入手，结合成像测井资料，对研究区储层裂缝发育的基本特征进行分析，以便从宏观上把握裂缝展布规律及其控制因素。

第一节 储层裂缝类型

大北区块及克深区块白垩系巴什基奇克组储层岩心及薄片中裂缝广泛发育，且裂缝的空间分布特征随着不同层位和构造部位的变化有较大差异。通过岩心观察，其宏观裂缝可按裂缝产状类型分为：水平缝（顺层缝）、低角度斜交缝、高角度斜交缝、直立缝，其中高角度斜交缝及直立缝较为常见；按其充填程度，可分为完全充填缝、半充填缝及未充填缝，缝内充填以方解石为主，也可见白云石、硬石膏及泥质等，主要为半充填缝；通过薄片镜下观察，其微观裂缝可根据成因分为两类：成岩缝及构造缝，其中成岩缝包括砾（或粒）间（或内、缘）缝（也称压碎缝）、收缩缝、晶间缝、溶蚀缝等，这类缝形态多不规则，延伸短，规模较小，大多未充填。构造缝一般形态较为规则，缝面平直，延伸长，规模较大，半充填–完全充填（表6-1）。

表6-1 库车拗陷克拉苏构造带白垩系巴什基奇克组砂岩裂缝类型表

分类	分类依据	类型	主要特征
宏观裂缝	产状	水平缝	与地层之间的夹角为 0°～15°
		低角度斜交缝	与地层之间的夹角为 15°～45°，多以斜交形式排列，也可见多裂缝交叉排列，形成网状缝
		高角度斜交缝	与地层之间的夹角为 45°～75°，多以平行、斜交形式排列
		直立缝	与地层夹角不小于 75°，多以断续雁列式排列
	充填程度	完全充填	充填以方解石为主，也见白云石、硬石膏及泥质充填
		半充填	
		未充填	

续表

分类	分类依据	类型		主要特征
微观裂缝	成因类型	成岩缝	砾（或粒）间（或内、缘）缝	砂砾岩/砂岩中砾石/颗粒边缘或内部不规则缝
			收缩缝	泥质杂基脱水收缩形成的次生孔隙，呈树枝状分叉展布，不规则
			晶间缝	云母、高岭石或胶结物晶体形成的解理缝、晶间缝，多不规则
			溶蚀缝	大气淡水或地层酸性水溶蚀形成的裂缝
		构造缝		由构造应力作用或地静压力作用下，岩石发生破裂而形成，形态较为规则，缝面平直，延伸长，镜下观察其后期多被碳酸盐胶结充填

第二节　储层裂缝发育特征

一、白垩系露头裂缝发育特征

库车拗陷克拉苏构造带地处造山带前逆冲推覆单斜带构造背景，强烈的山前构造挤压导致砂岩中构造裂缝十分发育。喜马拉雅期强大的构造挤压直接导致岩石中发育开启构造裂缝和剪切缝。野外露头成为研究裂缝特征及分布模式的优质天然实验室。前人通过对库车拗陷的库车河剖面露头、卡普沙良河剖面露头的裂缝系统进行了综合观察及分析（张惠良等，2012；王俊鹏等，2014；王振宇等，2016）。

张惠良等（2012）应用网格描述裂缝和古应力分析方法对库车拗陷库车河露头区巴什基奇克背斜裂缝建模（图 6-1）。其认为该露头属造山带中的高角度逆冲挤压背斜构造背景，露头区发育 2～3 期构造裂缝，裂缝相互交叉、切割，交角为 40°～60°。裂缝以开启缝为主，其次为半充填-未充填高角度斜交缝。在岩石原始沉积组构基本一致的情况下，随着距背斜核部距离的增大，古应力、裂缝密度、裂缝分形分维值、期次、充填特征等均呈规律性变化，特别是裂缝密度，从背斜核部到背斜翼部到背斜端部，裂缝密度具有较强-强-弱的趋势，表明逆冲背斜不同构造部位受到的挤压应力不一致，其砂岩变形程度也不均一，存在背斜核部较强，翼部强，远端弱的特征。另外，薄层砂岩中构造裂缝更易发育，尤其是厚度小于 1m 的砂岩。

库车拗陷卡普沙良河剖面露头裂缝研究表明[①]：裂缝发育程度自山前向盆地内部逐渐降低，这与盆地构造应力由北向南减小分布特征一致；而强挤压变形区构造裂缝的发育对砂岩岩性选择性不强，在各类岩性中均有发育；薄层砂岩中构造裂缝更易发育，而厚层（大于 3m）砂岩中裂缝相对不发育，表明构造应力大小对裂缝发育的控制作用。

---

① 张荣虎，赵继龙，陈戈，等 . 2010. 库车-塔北西部白垩系—古近系沉积储层研究及目标评价（内部报告）. 库尔勒：中国石油塔里木公司 .

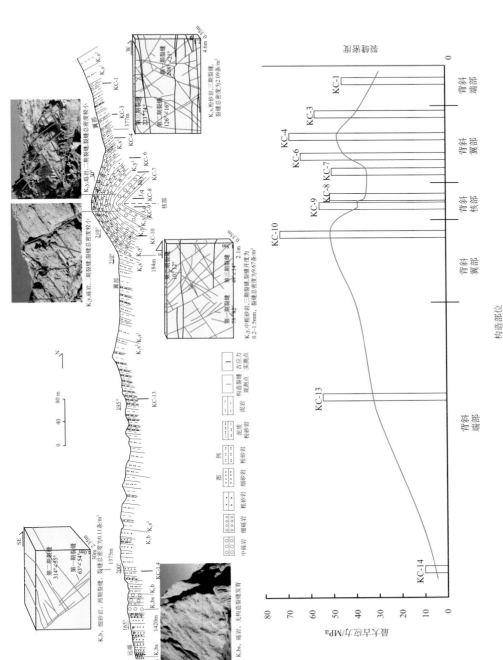

图 6-1　新疆库车河剖面巴什基奇克背斜裂缝发育模型(据张惠良等，2012)

因此，同一岩相地层在构造的不同部位，裂缝发育于最大古应力分布区，不同构造部位裂缝的规模、大小、产状及分布均有差异：背斜核部应力较强，以张性缝为主，裂缝密度大，多呈直立缝雁列式排列，开度相对较大，半充填为主，裂缝宽，延伸长；背斜翼部以剪切缝为主，呈高角度斜交排列，多形成 X 剪裂缝，充填程度偏低，宽度窄。而断层带附近，裂缝较为发育，一般上盘发育高角度或垂直张裂缝，下盘发育低角度斜交缝。

二、白垩系岩心裂缝发育特征

通过取心井的岩心观察识别宏观裂缝，是最直接也是最可靠的方法。库车拗陷克拉苏构造带大北区块、克深区块及克拉区块白垩系巴什基奇克组岩心中，均可见宏观裂缝发育（图 6-2），但大北［图 3-3（e）］及克深区块［图 3-3（f）］较为常见，克拉区块相对而言偏少［图 6-2（c）］。大北及克深区块岩心中裂缝以剪切裂缝为主，其次为张剪性缝；直立缝及高角度斜交缝较为常见，低角度缝及水平缝少见；裂缝充填以方解石为主，也可见白云石及石膏等。

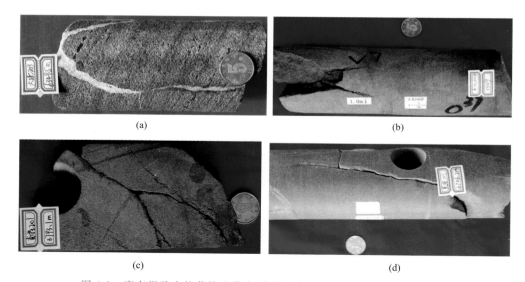

(a)　(b)　(c)　(d)

图 6-2　库车拗陷克拉苏构造带白垩系巴什基奇克组储层岩心裂缝特征

（a）大北 203 井，6349.5m，含砾中砂岩，高角度剪切裂缝，方解石充填；（b）大北 204 井，5969m，细砂岩，剪切裂缝，未充填；（c）克拉 201 井，3793.1m，细砂岩，泥质半充填-未充填；（d）克深 201 井，6706.2m，细砂岩，高角度裂缝，未充填

三、白垩系薄片裂缝发育特征

库车拗陷克拉苏构造带大北区块及克深区块镜下薄片也可见丰富微观裂缝。微观裂缝可有效增加储层孔隙沟通能力和渗流能力，对储层物性改善具有重要作用。镜下薄片

观察表明，大北区块巴什基奇克组储层发育的微观裂缝较为丰富，多切过矿物颗粒，沿裂缝面可见矿物溶蚀痕迹，形成网状溶蚀缝［图 3-3（c）、（d），图 6-3（a）、（b）］。克深区块的微裂缝以剪切缝为主，切过矿物颗粒，裂缝面较为平直，延伸远，沿裂缝面也可见溶蚀［图 6-3（c）、（d）］，也可见成岩收缩缝。

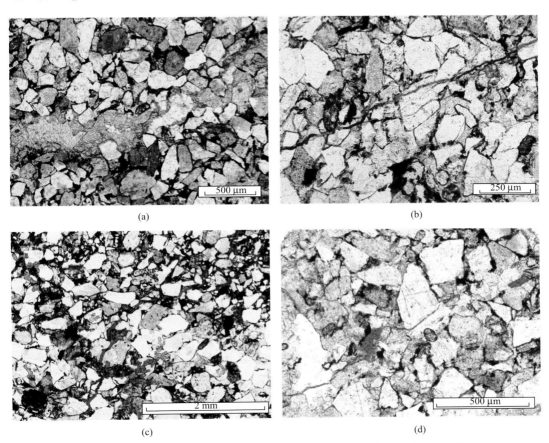

(a) (b)

(c) (d)

图 6-3 库车拗陷克拉苏构造带大北及克深区块巴什基奇克组储集层微观裂缝发育特征

（a）大北 203 井，6427.45m，铸体薄片，岩屑长石砂岩，可见宽为 0.05～0.8mm 的裂缝，被方解石和白云石充填，后期发育溶蚀缝，缝宽为 0.01～0.1mm；（b）大北 204 井，5986.48m，铸体薄片，岩屑长石砂岩，见剪切裂缝，切割颗粒，部分被泥质充填，缝宽为 0.01～0.02mm；（c）克深 2 井，6640m，铸体薄片，长石岩屑砂岩，可见构造裂缝，缝宽为 0.01～0.04mm；（d）克深 201 井，6706.73m，铸体薄片，岩屑长石砂岩，见剪切裂缝，切割颗粒，沿裂缝部分颗粒溶蚀

第三节 大北及克深区块构造带裂缝的精细描述

库车拗陷克拉苏构造带大北区块及克深区块白垩系储层露头、岩心观察研究及成像测井资料分析发现，研究区裂缝主要以高角度缝为主（倾角大于 75°），其次为斜交缝（倾角为 45°～75°），它们在岩心实物上可直接观察，在成像测井上响应清晰。对于致密

137

砂岩和低孔低渗砂岩储层来说，宏观裂缝是否发育是决定该类储层能否形成工业性油气藏的决定性因素。

一、砂岩裂缝分析方法

裂缝的识别一般来说有两种，分别依托地质方法和地球物理方法，前者也可称为直观观察法，是指通过单井岩心直观观察裂缝或是通过薄片的镜下裂缝观察对裂缝进行描述、统计和分析，这种方法的优点是直观准确，但缺点是容易受观测者主观影响，忽略肉眼无法观察到的微观裂缝；后者主要是利用测井资料对裂缝进行识别统计，如通过FMI成像测井对裂缝的响应特征，对裂缝进行测井定量。本次研究针对大北区块及克深区块实际地质特征及资料情况，针对大北区块的裂缝研究，从岩心分析入手，以井壁成像测井资料为依据，利用测井评价砂岩裂缝的方法进行探索研究；针对克深区块裂缝研究，受限于其测井资料尚不完善，主要采用岩心观察的方法对裂缝进行分析。

二、大北区块巴什基奇克组储层裂缝发育特征

库车拗陷克拉苏构造带大北区块巴什基奇克组储层岩心观察表明，该区块裂缝发育明显受地质层位控制，白垩系整个层段都有可能发育裂缝，同时裂缝的发育程度又受岩性控制。在各类岩性中，以致密砂砾岩裂缝最为发育，其次为中细砂岩，泥质粉砂岩、泥岩中，裂缝一般不发育。在各种测井资料中，以井壁成像测井对砂岩裂缝响应灵敏，是定性、定量评价砂岩裂缝的最佳测井方法。可利用井壁成像测井定性，定量地确定裂缝参数。

（一）砂岩裂缝井壁成像测井响应特征

成像测井识别裂缝原理基于裂缝对岩层电阻率及波阻抗界面的影响，在成像测井图像上表现为深色的正弦图像（童亨茂，2006）。井壁成像测井能够提供高分辨率的井壁图像，是研究裂缝的有力手段。在井壁图像上能够方便地确定裂缝产状，判断裂缝类型。通过对井壁图像进行图像分辨处理，可以得到裂缝、孔洞等的定量参数，为进一步研究裂缝发育规律奠定基础。库车拗陷克拉苏构造带大北及克深区块的井壁成像测井能够较好地反映宏观裂缝及其渗滤特征（图6-4）。如图6-4所示，在井壁成像测井图上，清晰地反映了高角度裂缝及其产状，而阵列声波测井信息表明该裂缝层段具有较高流动指数，显示该裂缝层段具有较好的连通性和渗滤性。

成像测井等资料分析表明，大北地区及克深区块白垩系砂岩中构造缝一般发育有三期，多为高角度缝。第Ⅰ期裂缝多为充填状态，白云石或方解石充填；第Ⅱ期裂缝为充填-半充填状态，方解石或泥质充填；第Ⅲ期裂缝多为开启状态，为有利有效缝。岩心和成像测井资料分析表明，大北区块裂缝较克深区块更为发育（图6-5）。

（二）裂缝定量描述方法的选取

通过岩心对成像测井标定，得到成像测井识别裂缝的标志。利用井壁成像图可以计

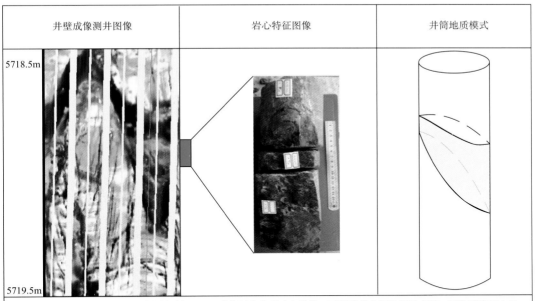

井壁成像测井图像	岩心特征图像	井筒地质模式

高角度缝（不规则组合暗色线状模式），FMI成像图像上呈暗色线状，两条裂缝中间为泥质充填，两条裂缝倾向为北西方向，倾角不同，属不规则组合暗色线状模式（大北202井，第2筒8~10）

图 6-4 库车拗陷大北 202 井巴什基奇克组砂砾岩中裂缝及成像测井响应

算出裂缝孔隙度、裂缝长度、裂缝宽度和裂缝密度。其中裂缝孔隙度指裂缝在 1m 井壁上的视开口面积除以 1m 井段中电成像的覆盖面积；裂缝长度为每平方米井壁所见到裂缝长度之和，单位为 m/m^2；裂缝宽度等于单位井段（1m）中裂缝轨迹宽度的平均值，单位为 cm；裂缝密度为每米井段所见到的裂缝总条数。其计算公式如下，单井裂缝参数的拾取及计算均基于 Geoframe 软件完成。

裂缝视孔隙度计算公式为

$$\varphi_{fl} = \frac{\sum L_i w_i}{2\pi RCH} \tag{6-1}$$

式中，w_i 为第 i 条裂缝平均宽度，mm；L_i 为第 i 条裂缝的长度，m；R 为井眼半径，mm；C 为电阻率成像测井的井眼覆盖率，%；H 为统计井段的长度，m。

裂缝长度计算公式为

$$F_L = \sum_i l_i / (2\pi RHC) \tag{6-2}$$

式中，l_i 为第 i 条裂缝的长度，m。

裂缝宽度计算公式为

$$W = aA\,R_{xo}^b\,R_M^{1-b} \tag{6-3}$$

式中，W 为裂缝宽度，cm；A 为由裂缝造成的电导异常，cm；R_{xo} 为地层电阻率（一般情况下是侵入带电阻率）；R_M 为泥浆电阻率；a、b 为与仪器有关的常数，其中 b 接

139

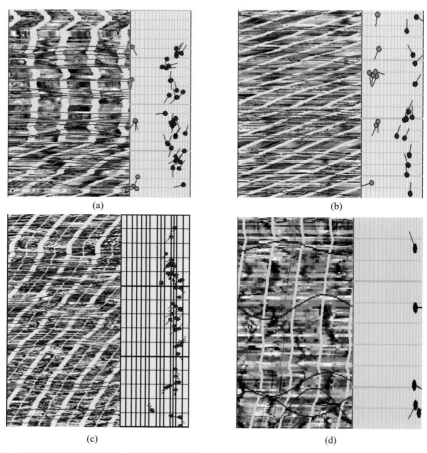

图 6-5 库车拗陷大北区块–克深构造带白垩系储层构造缝（溶蚀–构造缝）典型成像特征

(a) 大北 201 井，5960～5980m，31 条裂缝，1.55 条/m，高角度缝，50°～80°； (b) 大北 201 井，6098～6114m，35 条裂缝，2.2 条/m，高角度缝为主，60°～80°； (c) 大北 104 井，6020～6050m，43 条裂缝，1.43 条/m，直立缝，70°～80°； (d) 克深 2，6583～6582m，5 条裂缝，0.56 条/m，高角度–直立缝，70°～90°，NW—SE 向

近于零。

（三）大北区块巴什基奇克组储层裂缝发育特征

库车拗陷克拉苏构造带大北区块白垩系巴什基奇克组单井裂缝分析表明，发现多井横向裂缝参数变化具有如下规律：在同一油气藏中，处在构造高部位（断层上盘）井的孔隙度发育程度远低于同层位的构造低部位（断层下盘）的井，例如，大北 101 和大北 102 处在相同的油气藏中，大北 101 井的各项裂缝参数表明其裂缝发育程度优于大北 102 井（表 6-2，以大北 101 井及大北 102 井为例）。大北 201 和大北 202 井处在相同的油气藏中，大北 201 裂缝参数的变化范围要比大北 202 井广。断层两侧各井，处于断层上盘的裂缝不发育，下盘的裂缝发育。这与该区发育的断层为逆冲断层，下盘受到的构造作用较大有关。可见裂缝的发育与构造应力大小及构造作用部位密切相关。

表 6-2　库车拗陷大北区块单井成像测井裂缝特征描述及定量解释成果表

井号	层位	有效裂缝集中段/m	倾角变化范围		裂缝发育密度			裂缝长度 FVTC/m		平均水动力宽度 FVAH/mm		裂缝视孔隙度 FVPA/%	
			高导缝	闭合缝	人工拾取裂缝条数/条	软件计算裂缝密度 FVDC/(1/m)							
						最大	平均	最大	平均	最大	平均	最大	平均
大北101井	K_1bs^2	5724~5730（斜交缝）	25°~85°	30°~60°	12	24.6	9.5	19.8	7.1	1.2	0.39	0.13	0.4
		5744~5753（网状缝）			53	27	12.5	28	11	2.2	0.84	0.3	0.1
		5759~5761（斜交缝）			20	39.1	17.1	26.8	11.6	0.8	0.5	0.85	0.32
		5766~5770（斜交缝）			9	28.9	12.9	20.2	9.9	0.77	0.4	0.3	0.16
		5772~5785（网状缝）			45	26.4	10.2	20.8	8	3.4	0.6	0.42	0.17
	K_1bs^3	5800~5805（网状缝）	10°~80°		37	32	13	33.7	12	0.8	0.38	0.9	0.27
		5820~5838（斜交缝）			73	22.6	7.3	20.2	6.5	1.1	0.48	0.8	0.2
		5849~5854（网状缝）			31	22.6	10	20.2	9.1	0.96	0.46	0.8	0.3
		5875~5880（斜交缝）			20	23	9.6	17.4	7.4	1.1	0.65	0.5	0.2
		5910~5914（斜交缝）			8	16.1	7.6	14.2	6.6	0.34	0.2	0.28	0.11
大北102井	K_1bs^2	5322~5338（斜交缝）	35°~80°	60°~70°	11	11.6	4	10.2	3.5	1.7	0.38	0.3	0.1
		5356~5370（斜交缝）			17	10.5	3.7	9.1	3.2	1	0.2	0.27	0.04
		5375~5385（斜交缝）			21	12.8	5.2	12.7	4.9	0.5	0.2	0.18	0.05
	K_1bs^3	5420~5430（斜交缝）	20°~85°	50°~75°	13	13.2	5.9	10.7	4.4	0.24	0.09	0.09	0.02
		5442~5447（斜交缝）			11	19.5	8.6	16.2	6.4	0.16	0.11	0.16	0.06
		5448~5474（斜交缝）			53	18.6	5.5	18.5	4.1	1	0.13	0.36	0.04
		5474~5489（网状缝）			62	26.8	8.7	17.9	6.6	0.5	0.13	0.2	0.05
		5492~5504（网状缝）			50	28	12.4	19.2	9.7	1.3	0.2	0.16	0.08
		5508~5518（斜交缝）			25	12.6	4.8	10.6	3.6	0.45	0.13	0.11	0.03
		5521~5527（网状缝）			27	18.3	10.6	15.8	8.2	0.34	0.13	0.1	0.05
		5874~5901（斜交缝）			53	21.6	8.9	20.4	7.4	0.3	0.15	0.18	0.07
		5908~5958（网状缝）			149	37.8	11.2	32.7	9.1	1	0.13	0.4	0.07

三、克深 1-2 气田巴什基奇克组储层裂缝发育特征[①]

　　由于克深区块裂缝研究受成像测井资料所限，故选取岩心作为裂缝描述研究的主要对象。库车拗陷克拉苏构造带克深 1-2 气田白垩系巴什基奇克组储层目的层埋深深（逾

————————

　　① 王缓，戴俊生，李伟，等．2012．克深 1-2 三维区白垩系裂缝储层预测（内部报告）．库尔勒：中国石油塔里木油田公司．

6900m），取心井较少，本次研究以岩心相对完整且裂缝发育的克深 1 井、克深 201 井及克深 202 为例，但取心井段较为局限，且岩心破碎严重，裂缝观察结果供参考。

在克深 1 井岩心中，发育裂缝主要为高角度斜交缝和直立缝，两者比例大致相当；克深 201 井以高角度斜交缝为主，为低角度斜交缝和直立缝，水平缝较为少见；克深 202 井裂缝以直立缝为主，其次为高角度斜交缝。综合对比来看，产状有差异的四类裂缝在克深 1-2 气田均有分布，其中高角度斜交缝和直立缝为裂缝主要发育类型，低角度斜交缝和水平缝发育较少。

裂缝延伸长度和裂缝开度这两个参数可用于表征裂缝发育程度及规模。裂缝的延伸长度影响裂缝的渗流性，越长的裂缝越容易形成相互渗流的裂缝网络，构成油气的储集体或成为油气运移的通道。裂缝的开度决定了裂缝的有效性，岩心观察中，以肉眼能否识别为依据。一般而言，规模大的裂缝反映形成时期的构造应力场较强，规模小的微裂缝则相反，反映形成时期的构造应力场较弱。克深 1 井、克深 201 井及克深 202 井三口井的取心总长度为 19.01m，裂缝总条数为 83 条，单位长度岩心上观察到的裂缝条数为约 4.37 条，裂缝总长为 5.75m。克深 1-2 气田裂缝开度集中在 0～0.2mm 和 0.6～0.8mm 两个区间内，其次为 0.2～0.4mm 区间。最小裂缝开度为 0.06mm，最大裂缝开度为 1.27mm。有学者（王俊鹏等，2014；张惠良等，2014）选取克深气田半充填、完全充填的岩心进行微米 CT 扫描，以观察其微裂缝（小于 1mm）发育情况，结果表明，裂缝的连通性好，沟通了 80% 以上的孔隙，裂缝开启平均半径为 100～300 μm。

根据裂缝的充填程度，裂缝类型可分为完全充填型、半充填型及未充填三种类型，这三种类型裂缝在岩心中均有发现。裂缝的充填特征包括裂缝的充填程度、充填物和充填物的晶形、结晶程度等。裂缝的充填程度直接决定了其有效性，因为裂缝的充填特征不仅反映了裂缝的形成时期，而且还与裂缝能否作为油气的储集空间和运移通道密切相关。一般认为，未充填裂缝形成的时间较晚，而充填缝形成的时间较早。完全充填缝对油气的储集和运移贡献相对较小，它们仅仅能在适宜的条件下，由于部分充填物溶解形成微裂缝，加强油气的渗滤系统。未充填缝是油气的最佳储集空间和运移通道。半充填缝位于未充填缝和全充填缝之间。当充填物为自形晶形方解石时，其最易溶解，对油气的储集运移最有利。在克深 1-2 气田白垩系巴什基奇克组储层裂缝中，约有 66.2% 被方解石全充填或半充填，部分裂缝中方解石自形程度较高，渗滤性能较好；泥质充填物约占 3.6%，其余裂缝未被充填。

第四节　大北及克深区块地应力与构造裂缝发育关系

库车拗陷大北区块及克深区块单井成像测井研究表明，每一口完钻井在钻井取心之后、测井之前，随着地层应力的释放都会导致井筒发生轻微变形从而使井眼发生崩塌。在随后的测井过程中，崩塌的位置会受到钻井液的影响而被测量成低阻特征，这样的特征在电成像测井中会形成两条对称的垂直暗线。在裂缝分类识别中，此类裂缝被确定为应力释放缝，根据这些应力释放缝特征，可以反演获取现今地应力特征。

通过图 6-6 可见大北区块应力释放缝方向大致以 NW—SE 向为主，故该区主应力方向为 NW-SE 向。通过统计白垩系巴什基奇克组第二、三段砂岩裂缝走向，发现 NW—SE 方向是裂缝系统走向方向，基本垂直于断层走向，刚好平行于地层最大主应力方向（图 6-7、图 6-8），这个特点对位于断背斜翼部的大北 101 井、大北 104 井和位于断块边部的大北 103 井尤为明显；位于背斜顶部断块边部的大北 102 井和位于背斜翼部断块边部的大北 201 井还发育较多近 EW 向裂缝，可能是由于受到背斜与断层共同作用形成。结合岩心观察还发现，近 SN 向裂缝纵向延伸较长。在构造高部位或断裂接合部位，近 EW 裂缝与近 SN 向裂缝或其他方向裂缝交织呈网状，岩石强烈破碎（如大北 101 井、大北 104 井、大北 202 井），这对低孔、低渗储层的改造具有重要意义。第三段裂缝走向特征与第二段大致相似，仅大北 101 井发育较多近 EW 向裂缝（图 6-8）。

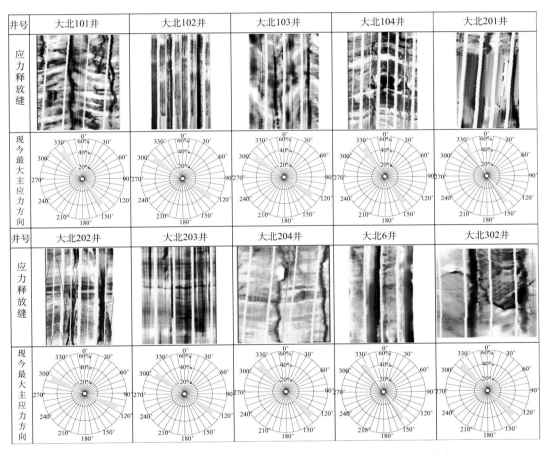

图 6-6 库车拗陷大北区块巴什基奇克组部分井应力释放特征提取表

库车拗陷克拉苏构造带克深区块应力释放缝方向大致为 EW 向（图 6-9），故该区主应力方向以 EW 向为主。克深区块巴什基奇克组岩心裂缝走向分析表明，克深区块裂缝整体走向大致也是 EW 向，与地层最大主应力方向平行。由于克深区块不发育构造断层，所以克深 201 井、克深 202 井均只受到背斜的挤压应力影响，这导致裂缝发育比较稳定，产状变化不大（图 6-10）。由此可见，在不同构造部位，由于局部应力分布

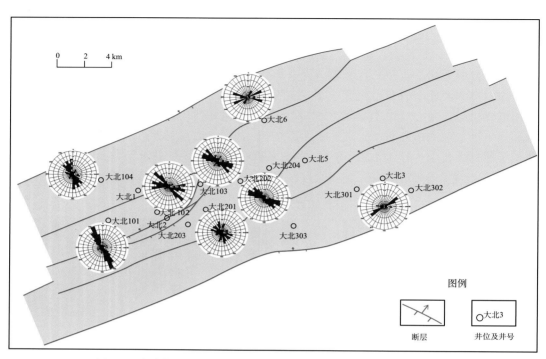

图 6-7　库车拗陷大北区块巴什基奇克组第二段裂缝平面展布示意图

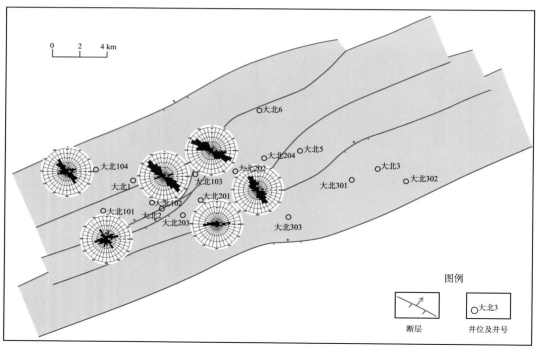

图 6-8　库车拗陷大北区块巴什基奇克组第三段裂缝平面展布示意图

的不均一性，造成裂缝发育程度不同。在褶皱的轴部、倾伏端等构造主曲率较大部位，地应力集中，裂缝较发育；而在翼部远端等构造主曲率较小的部位，裂缝发育程度相对较弱。

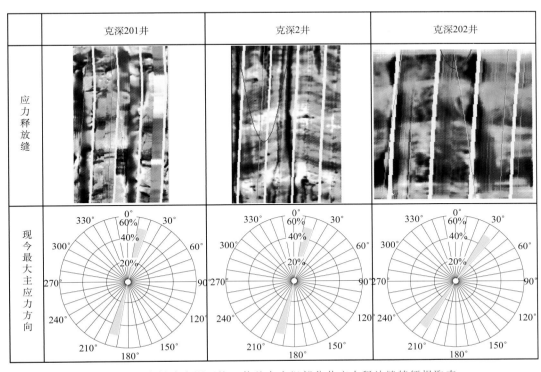

图 6-9 库车拗陷克深区块巴什基奇克组部分井应力释放缝特征提取表

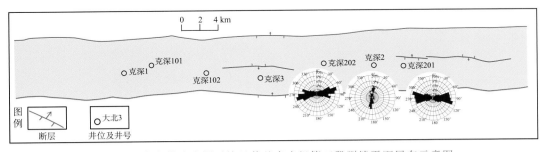

图 6-10 库车拗陷克深区块巴什基奇克组第三段裂缝平面展布示意图

第五节 构造裂缝主控因素分析

库车拗陷克拉苏构造带白垩系巴什基奇克组储层构造裂缝发育，特别是大北区块及克深区块，钻遇揭示的探井主要有大北 1 井、大北 101 井、大北 102 井、大北 103 井、大北 104 井、大北 2 井、大北 201 井、大北 202 井、大北 3 井、克深 1 井、克深 201 井、克深井 202 等，此外在克拉区块也钻遇少量构造缝。构造裂缝发育的受控因素复杂，主要受控于沉积作用和构造作用。具体来看，沉积作用可细分为沉积微相、砂体单层厚度、砂岩原始组构等的差异对构造裂缝发育程度的控制作用；构造作用对裂缝发育程度的控制因素可从最大古构造应力与裂缝发育程度关系来分析。

一、沉积作用对构造裂缝发育的影响

（一）构造裂缝与沉积微相关系分析

通过对克拉苏构造带大北 101 井、大北 102 井、大北 103 井、大北 201 井、克深 2 井、克深 201 井、克深 202 井等不同沉积微相的 FMI（或岩心）资料裂缝统计分析，发现裂缝发育程度与沉积微相关系密切（表 6-3），水下分流河道微相沉积区构造裂缝发育密度最大，且以网状缝、高角度缝为主；河口坝微相沉积区构造裂缝发育密度其次，以低角度缝、斜交缝为主；水下分流河道间微相沉积区构造裂缝不发育或发育较少低角度缝。表明构造裂缝的发育与否与沉积背景密切相关，泥岩越厚（或泥质含量越高）、砂岩分选性越差的微相区，对构造应力的释放（或缓冲）能力越强，构造裂缝相对越不发育。

表 6-3   白垩系巴什基奇克组沉积微相与裂缝发育程度统计表

微相类型	大北区块			克深区块		
	裂缝类型	裂缝发育密度/（个/m）	倾角变化范围/（°）	裂缝类型	裂缝发育密度/（个/m）	倾角变化范围/（°）
辫状三角洲前缘水下分流河道	网状缝、高角度缝	3～36.3	25～85	网状缝、高角度缝	4.8～12.8	20～80
辫状三角洲前缘水下分流河道间	低角度缝	1～5.1	15～40	低角度缝	1～4	10～30
辫状三角洲前缘河口坝	低角度缝、斜交缝	3.5～12	20～80	低角度缝、斜交缝	4～12.8	20～70
扇三角洲前缘水下分流河道	斜交缝、网状缝、高角度缝	3～38	10～85	斜交缝、网状缝、高角度缝	3.4～18.2	20～80
扇三角洲前缘水下分流河道间	低角度缝	1～3	10～30	低角度缝	1～3	20～30
扇三角洲前缘河口坝	低角度缝、斜交缝	3～25	30～80	低角度缝、斜交缝	3～16	20～70

（二）构造裂缝与砂体厚度关系分析[①]

构造裂缝的发育受岩层面控制，裂缝通常发育在岩层内，与岩层面垂直，并中止在岩性界面上，极少穿越岩性界面，与砂泥岩界面清楚。在相同的地质环境下，砂体厚度越薄（或砂泥间互越频繁），构造缝数量越多，密度越大；反之，则构造缝逐渐减少（表6-4，图6-11）。同一沉积微相内，当砂体单层厚度小于2.0m时，整体表现为脆性体，在深埋藏（或强构造挤压作用下）往往裂缝十分发育，而当单砂体厚度大于4m时，整体表现为刚性体，抗压实、抗变形能力强，构造裂缝相对不发育。

表 6-4　库车拗陷白垩系巴什基奇克组砂体厚度与构造裂缝发育程度统计表

砂岩层厚度/m	构造缝数量	百分含量/%	数据来源
≤1	291	33.6	
1.0～2.0	299	34.5	大北101、大北102、
2.0～3.0	148	17.1	大北103、大北104、
3.0～4.0	71	8.2	大北201，大202
≥4.0	57	6.6	

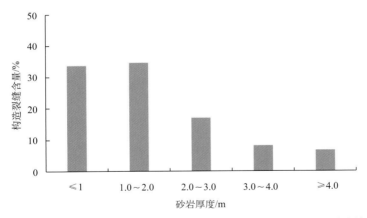

图 6-11　库车拗陷克拉苏构造带大北区块巴什基奇克组砂体厚度与构造裂缝关系直方图

（三）构造裂缝与砂岩原始组构关系分析[①]

构造裂缝的发育程度与砂岩的原始组构（砂岩粒度、硅质颗粒含量、分选系数、泥质含量）密切相关（表6-5，图6-12）。统计分析表明：①细-中细粒砂岩、粉-极细粒砂岩构造裂缝最易发育，而泥岩-泥质粉砂岩、中-粗砂岩构造裂缝发育程度居中，不等粒-含砾（砂砾岩）岩，构造缝最不易发育，这与砂岩的分选性、泥质含量差异控制有

① 张惠良，张荣虎，陈戈，等.2009.库车-塔北地区白垩系—古近系沉积储层深化研究（内部报告）.库尔勒：中国石油塔里木公司.

关；②在中成岩期遭受强烈构造挤压（或深埋压实）的条件下，构造缝的发育与硅质颗粒的含量呈负相关，硅质颗粒含量为35％～50％时，构造缝最发育；反之，当硅质颗粒含量不小于75％时，构造裂缝相对较少，反映刚性（硅质）颗粒的抗压实、抗剪切作用相对明显，抑制了构造缝的强烈发育；③砂岩的分选性越高，构造缝越发育，分选系数不大于1时，构造缝最发育，分选系数不小于4.5时，构造缝最不发育，反映砂岩在相对均质的情况下抗挤压能力最弱，差分选条件下，由于杂基、胶结物及细粒物质的缓冲及释放作用，构造挤压应力消散迅速，构造缝难以形成；④泥质含量越高，构造缝越不发育，当泥质含量不大于5％时，构造缝最发育，泥质不小于15％时，构造缝基本不发育，反映泥质对应力的消散（或滑脱）作用明显。

表6-5　库车拗陷白垩系构造裂缝数量与砂岩原始组构统计表

类别		构造缝数量	构造缝密度/（个/m）	百分含量/％
砂岩类型	泥质粉砂岩-泥岩	36	0.64	
	粉-极细粒	151	2.56	
	细粒-中细粒	150	3.06	
	中粒-粗粒	13	0.68	
	不等粒-含砾（砂砾）	11	0.34	
硅质颗粒含量/％	40～50	78		47.3
	50～65	64		38.8
	65～75	20		12.1
	≥75	5		3.0
分选系数	≤1	85		51.5
	1～2.5	60		36.4
	2.5～4.5	17		10.3
	≥4.5	3		1.8
泥质含量	≤5	118		73.3
	5～10	35		21.7
	10～15	5		3.1
	≥15	3		1.9

注：构造裂缝数量以巴什基奇克组为统计单位。

二、构造作用对构造裂缝发育的影响[①]

　　通过对克拉苏构造带大北1井、克拉201井、克拉203井、克拉204井、克拉3

　　① 张惠良，张荣虎，陈戈，等.2009.库车-塔北地区白垩—古近系沉积储层深化研究（内部报告）.库尔勒：中国石油塔里木公司.

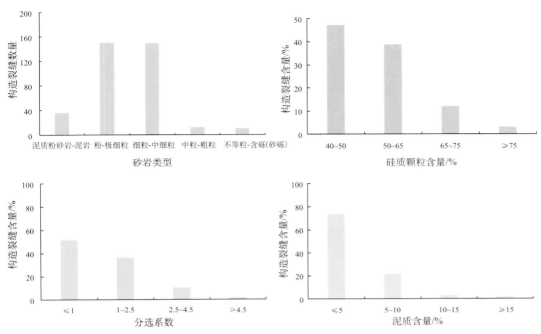

图 6-12　库车拗陷克拉苏构造带白垩系构造裂缝发育程度与砂岩组构关系图

井、秋参 1 井等白垩系砂岩声发射法测得的最大有效古应力与相应的构造缝发育情况统计分析表明：构造缝与砂岩所受的最大有效古应力密切相关。在成岩程度及岩矿成分相似条件下，最大有效古应力越大，构造缝密度越大，当应力小于 30MPa 时，构造缝基本不发育，应力大于 90MPa 时，构造缝最发育，密度可达 2.5 个/m；库车拗陷克拉苏克构造带白垩系最大有效古应力一般为 60～90MPa，以巴什基奇克组为统计单位，由此产生的构造缝密度一般为 1.01 个/m（表 6-6，图 6-13），表明古构造挤压应力的大小对构造裂缝的发育起决定作用，控制着裂缝的数量和方位，同时决定着裂缝的发育规模和期次。

表 6-6　库车拗陷白垩系砂岩构造裂缝密度与声发射法最大有效古应力统计表

最大有效古构造应力/MPa	构造缝数量	构造缝密度/（个/m）	资料来源
≤30	0	0.00	秋参 1、提 2
30～60	61	0.38	克拉 201、吐北 2、克拉 3
60～90	1335	1.01	大北 101、大北 102、大北 103、大北 201
≥90		2.50	卡普沙良河

注：构造裂缝数量以巴什基奇克组为统计单位。

149

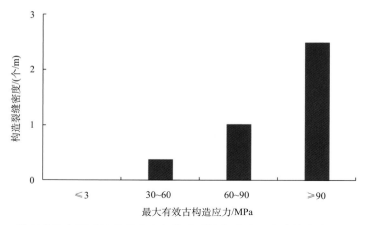

图 6-13　库车拗陷白垩系巴什基奇克组构造裂缝与砂岩最大有效古应力关系直方图

第七章 有效储层控制因素及形成机理研究

库车拗陷克拉苏构造带白垩系巴什基奇克组储层质量受多种地质因素的影响，主要包括沉积作用、成岩作用、构造作用、储层埋藏史、上覆膏岩层厚度、异常高压等。其中原始沉积环境直接决定了沉积相类型、沉积物粒度、结构构造和砂体几何形态，也控制了储层原始孔隙度大小；多种建设性、破坏性的成岩作用改造了储层质量，它们是继沉积作用之后使储层质量非均质性更强烈的重要原因之一；对于埋深较大的砂岩储层，构造破裂作用形成的裂缝可有效改善储层的渗流性；上覆厚层膏岩层及成岩早-中期异常高压流体的存在等均有利于储层孔隙的保存；盆地整体较低的地温背景、长期缓慢浅埋-中期快速深埋-晚期差异调整的埋藏方式也有助于储层孔隙的保存。这些控制因素都不是孤立存在的，而是相互影响，相互交叉的。该小节根据普通薄片、铸体薄片、扫描电镜及物性等资料数据，分析研究区储层物性的控制因素，探讨深部碎屑岩有效储层的形成机理。

第一节 沉积作用对储层特征的影响

一、沉积相带的宏观控制作用

沉积环境从宏观上控制了沉积相带的展布，也控制了油气藏形成所必需的储集体——砂体的规模、形态、分布和储层质量（朱筱敏，2008；Zou et al.，2009）。以下从巴什基奇克组三角洲不同微相、不同岩性及不同砂体厚度对储集体有效性的影响进行研究。由于大北区块钻测井资料及岩样分析资料相对较为丰富，故本小节数据主要来源于大北区块。

（一）微相因素——水下分流河道微相储层物性最好

从区域沉积背景来看，研究区白垩系巴什基奇克组沉积时北部天山具有多个物源出口，物源供给充足，加上底平、宽缓的古地势，形成一套以扇三角洲和辫状三角洲为主的沉积物，它们具有垂向上间断冲刷叠置、沉积厚度大，展布面积广、连片分布的特点。

不同的沉积微相由于所处沉积环境不同，形成了具有不同粒度的沉积物质，进而影响了储层物性。为了明确不同沉积微相对储层孔隙度和渗透率的影响，统计了大北区块巴什基奇克组储层不同沉积微相砂岩物性，结果表明巴什基奇克组第二段辫状河三角洲前缘水下分流河道微相发育频率为 74.14%，分流间湾频率为 17.96%，河口坝为7.90%；巴什基奇克组第三段扇三角洲前缘水下分流河道微相发育频率为 50.36%，分流间湾频率为 42.82%，河口坝为 6.82%。其中，物性由好到差依次为（图 7-1）：辫状河三角洲前缘水下分流河道、辫状河三角洲前缘河口坝、扇三角洲前缘水下分流河道、扇三角洲前缘河口坝、辫状河三角洲前缘分流间湾、扇三角洲前缘分流间湾，因河口坝微相类型在研究区内发育较少，故辫状河/扇三角洲前缘水下分流河道砂为研究区骨架砂体，为最有利的微相类型。

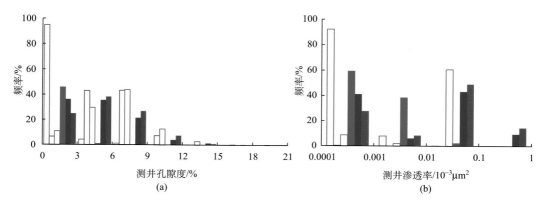

图 7-1 库车拗陷大北区块巴什基奇克组不同微相测井物性直方图

克拉区块克拉 2 气田区巴什基奇克组三角洲不同微相砂体物性差异也很明显：主要发育三种砂体成因类型——辫状河三角洲前缘水下分流河道砂体、辫状河三角洲平原砂质辫状河道砂体和辫状河三角洲前缘席状砂体。这些砂体多以中、粗、细粒岩屑砂岩为主，分选较好，具有良好的储集条件。克拉 2 井巴什基奇克组第二段辫状河三角洲前缘水下分流河道砂体物性最好，测井孔隙度达 12%～19%，渗透率为 $80\times10^{-3}\sim2000\times10^{-3}\,\mu m^2$；河口坝砂体的测井孔隙度为 15%～18%，渗透率为 $50\times10^{-3}\sim200\times10^{-3}\,\mu m^2$（图 7-2）[1]。

（二）岩性因素——中粗砂岩和细砂岩，储层有效性最好

通过对库车拗陷克拉苏构造带巴什基奇克组（45 口井、7 个露头）岩性分析，将该区岩相主要划分为泥岩相（包括泥岩、泥质粉砂岩、粉砂质泥岩）、粉砂岩相（包括粉砂岩、含砾粉砂岩）、细砂岩相（包括细砂岩、含砾细砂岩）、中粗砂岩相（包括中砂岩、粗砂岩）、砂砾岩相（包括砂砾岩、砾岩）五大类。

---

① 张惠良，张荣虎，沈扬，等.2007.库车拗陷沉积储层研究及储层精细描述（内部报告）.库尔勒：中国石油塔里木公司.

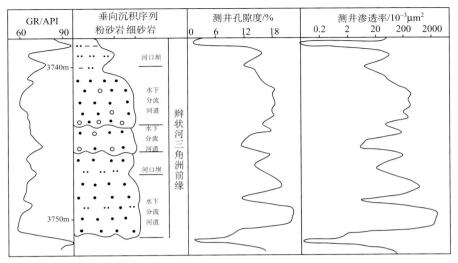

图 7-2 库车拗陷克拉 2 井巴什基奇克组辫状河三角洲前缘不同成因砂体的孔渗特征[①]

研究区四类储集岩相为粉砂岩相、细砂岩相、中粗砂岩相及砂砾岩相。通过统计大北区块巴什基奇克组不同岩相储集层的物性、不同岩相有效储层百分含量（即代表了储层的有效性），可以明确岩相对储层质量的影响。大北区块巴什基奇克组四类储集岩相（从细到粗）有效储层百分含量依次为 59.17%、61.53%、61.24%、41.25%。即中粗砂岩相及细砂岩相，有效储层含量较高，粉砂岩相及砾砂岩相偏低。不同类型岩石可能因为粒度、分选、杂基含量等岩石组构特征的不同，而导致其储层物性存在差异性（潘荣等，2015）。对比四种岩相的泥质含量和胶结物含量发现，粉砂岩相泥质含量最高，砾砂岩相的胶结物含量最高。一般而言，泥质杂基除可堵塞孔隙喉道外，在压实过程中可以起到润滑作用，加速压实作用对原生孔隙的破坏。另外，粉砂岩粒度偏细，深埋条件下自身抗压实能力较弱，加之高含量的泥质杂基（12.5%），有效储层含量自然偏低。研究区内砾砂岩本身多为颗粒支撑，早期物性较好，孔喉连通性好，但成岩后期地层水进入强烈胶结（沈扬等，2009），使其物性变差。前述巴什基奇克组储层岩心物性与深度关系图也表明（图 3-7），细砂岩样品最丰富，在埋深深度相近条件下，中粗砂岩相及细砂岩相物性最好，砂砾岩相及粉砂岩相较差。因此，研究区中粗砂岩和细砂岩储层有效性好。

（三）砂体厚度因素——小于 3m 薄层砂体有效性高

砂体厚度控制了有效储层的发育。在钻井岩心描述、岩屑录井分析的基础上，分别统计了大北区块 11 口井巴什基奇克组细砂岩单层厚度，其分布特征如下：厚度小于 1m 的占 42.11%，厚度为 1~2m 的砂层占 38.42%，2~3m 的占 11.84%，3~4m 的占 2.89%，4~5m 的占 2.89%，5~6m 的占 1.05%，大于 6m 的占 0.79%。三角洲砂体

① 张惠良，张荣虎，沈扬，等.2007.库车坳陷沉积储层研究及储层精细描述（内部报告）.库尔勒：中国石油塔里木公司.

153

的沉积厚度相对较薄，说明研究区巴什基奇克组沉积时期河道迁移改道频繁，发育薄层砂。通过统计不同厚度砂体的有效储层百分含量发现，0～1m、1～2m、2～3m、3～4m、4～5m、5～6m、大于6m砂厚区间有效储层百分含量依次为19.47%、35.86%、19.94%、4.30%、11.68%、4.70%、4.05%（图7-3），可见薄层砂体数量占优势的砂体其有效储层百分含量亦高。戴俊生等（2011）以天山山前某油田砂泥间互地层为例，模拟研究裂缝在砂泥岩间互地层中的延伸规律和穿透性，并指出在相同受力条件下，越薄的砂岩层越容易产生构造裂缝。因而对储层有效性而言，薄砂层在数量、构造裂缝发育上占有优势。库车野外露头裂缝研究也表明，构造裂缝的发育与砂岩单层厚度有一定关系，随着砂岩单层厚度的增加，其构造裂缝数量减少（详见第六章第五节）。构造裂缝的发育主要集中在3m以下的砂岩层内，因而该区块内有效储层主要分布在厚度小于3m的薄砂层内。

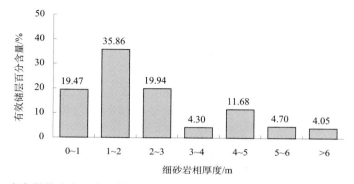

图7-3　库车拗陷大北区块巴什基奇克组细砂岩相厚度与有效储层百分含量关系图

二、沉积作用的微观控制作用

原始沉积环境控制了沉积物的成分成熟度、分选性、磨圆度、杂基含量等，进而影响了储层物性。一般来说，水动力强的高能沉积环境中形成的砂岩储层，其成分成熟度较高，刚性颗粒组分（石英）含量高，抗压强，原生孔隙发育，后期也易发生溶蚀作用形成次生孔隙，这类砂岩储层的有效性较高（钟大康等，2008；Taylor et al.，2010；Bjørlykke，2013）；而水动力较弱的低能沉积环境中形成的砂岩储层，其成分成熟度较低，塑性颗粒组分（岩屑、杂基等）含量高，抗压强度低，压实作用强，原生孔隙不发育，后期次生孔隙发育偏少，较难形成有效储层（钟大康等，2008；黄洁等，2010）。针对上述多种参数对储层物性的影响，我们选取有代表性的粒度、分选系数、杂基含量、石英含量、方解石含量等参数来研究其对储层的有效性的影响。

以库车拗陷大北区块白垩系巴什基奇克组第二段砂岩储层为例，不同粒度的砂岩，储层物性具有明显差异：中粗砂岩物性最好，其次为细砂岩，粉砂岩最差，其中中粗砂岩实测孔隙度平均为5.50%，渗透率平均为$0.248\times10^{-3}\mu m^2$；细砂岩实测孔隙度平均为3.70%，渗透率平均为$0.187\times10^{-3}\mu m^2$；实测物性最差的粉砂岩孔隙度平均为

2.27%，渗透率平均为 $0.05 \times 10^{-3} \mu m^2$。

在大北区块，石英含量与物性并未见明显相关关系（图 7-4），可能是储集砂体沉积后经历了各种地质作用的改造，使其原始关系不明显。由石英含量与原生粒间孔面孔率关系图可以看出 [图 7-5 (a)]，石英含量为 $40\% \sim 55\%$ 时，原生粒间孔面孔率最高，之后随着石英含量继续增加，原生粒间孔面孔率大大降低；石英含量与溶蚀孔面孔率关系图表明 [图 7-5 (b)]，石英含量为 $40\% \sim 55\%$ 时，溶蚀孔面孔率最高，说明该区间的石英含量有利于储层物性保存，石英含量过低，不能起到很好的抗压实作用，不利于原生孔隙的保存；而石英含量过高，砂岩内易发生硅质胶结和强烈的石英次生加大，且后期不易溶解，形成次生孔隙。

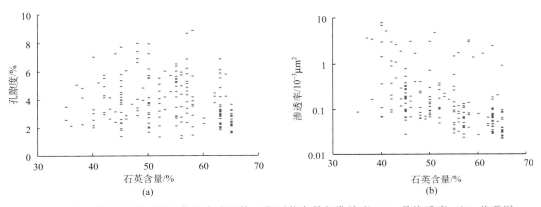

图 7-4 库车拗陷大北区块巴什基奇克组第二段石英含量与孔隙度（a）及渗透率（b）关系图

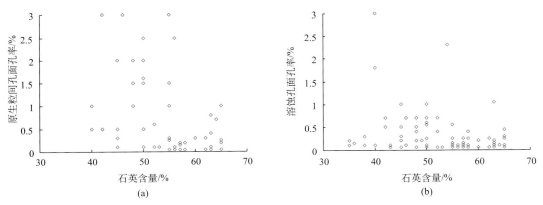

图 7-5 库车拗陷大北区块巴什基奇克组第二段石英含量与原生粒间
孔面孔率（a）及溶蚀面孔率（b）关系图

岩样方解石含量与物性关系分析表明（图 7-6），大北区块的方解石含量与孔隙度呈负相关关系。从岩心样品薄片镜下观察发现，大北区块第二段碳酸盐胶结物主要为方解石，其胶结类型主要为孔隙式胶结，其次为压嵌式胶结，碳酸盐胶结物严重破坏原生孔隙空间。碳酸盐胶结物越多，储层质量越差。但方解石胶结物含量与渗透率未见明显相关关系，可能与储层受各种地质作用后期改造有关，总的来说胶结程度较低的储集砂体为有利储集层。

　　沉积物颗粒的分选系数（特拉斯克分选系数）与岩样孔隙度、渗透率呈负相关关系。一般来说，分选系数越接近1，颗粒粒径越接近一致，分选越好。大北区块第二段整体分选性好–中等，随着沉积物分选变差（分选系数增大），储层的孔隙度和渗透率变小（图7-7）。但渗透率对分选系数的变化更敏感。

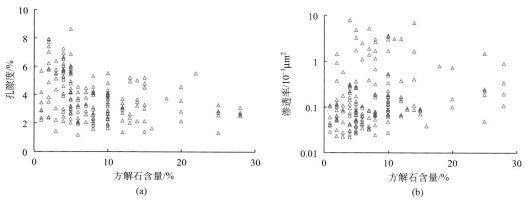

图 7-6　库车拗陷大北区块巴什基奇克组第二段方解石含量与孔隙度（a）及渗透率（b）关系图

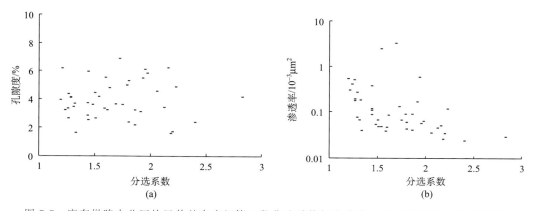

图 7-7　库车拗陷大北区块巴什基奇克组第二段分选系数与孔隙度（a）及渗透率（b）关系图

　　颗粒间泥质沉积物越多，越不利于储层质量提高。在压实作用下，泥质沉积物易于变形并充填于颗粒之间，使原生孔隙减少。粒间泥质沉积物含量高也不利于后期的溶蚀作用，其会阻碍孔隙水流通，减弱溶蚀作用，造成储层物性变差。

　　大北区块巴什基奇克组泥质含量与岩样物性的关系图发现（图7-8），泥质含量对储层物性也有影响，泥质含量越高，储层物性越差，且从图可以看出，当泥质含量小于10％时，其对孔隙度和渗透率的影响不明显，当泥质含量大于10％时，储层物性迅速变差。岩心样品薄片镜下观察表明，第二段储集层泥质多呈薄壳状包覆碎屑颗粒或填隙分布，对喉道的影响较大。

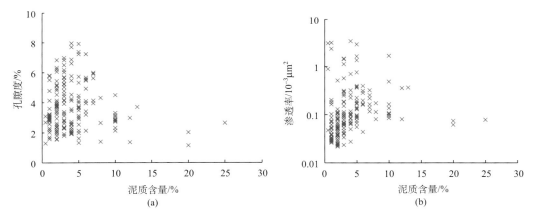

图 7-8　库车拗陷大北区块巴什基奇克组第二段泥质含量与孔隙度（a）及渗透率（b）关系图

上述研究表明，储层物性与沉积作用关系密切，沉积作用是影响储层质量的基础因素之一，有利的初始沉积物质、沉积相带对有效储层的发育有着重要的控制作用。因此，原始沉积环境的各项参数对储集层物性具有较大影响，而渗透率对各项参数敏感性比孔隙度高（表 7-1）。综合看来，克拉苏构造带大北区块巴什基奇克组辫状河三角洲前缘砂体泥质含量小于 10%，石英含量为 40%～55%，分选好且胶结程度较弱的中细砂岩储层为该区的有利储集体。

表 7-1　库车拗陷克拉苏构造带大北区块巴什基奇克组沉积环境参数对物性的影响相关程度表

物性	石英含量	方解石含量	分选系数	泥质含量
孔隙度	－	＋＋	＋	－
渗透率	＋	－	＋＋	＋

注：强相关性＋＋，弱相关性＋，无相关性－。

第二节　成岩作用对储层特征的影响

原始沉积环境控制了储层的原始组分、分选、泥质含量等，而这些储层内在特质也不同程度地影响着储层的成岩作用。储层储集空间（孔隙/裂缝）的再分配演化主要受控于埋藏过程中发生的多种成岩作用，深部有效储层的形成与成岩作用关系密切（Primmer et al.，1997；Ajdukiewicz et al.，2010；Morad et al.，2010；Taylor et al.，2010）。

库车拗陷克拉苏构造带白垩系平均地温梯度为 26～28℃/km（王良书等，2003）。在偏低温环境中，砂岩储层的水-岩反应速度减缓（寿建峰和朱国华，1998；寿建峰，1999；李会军等，2004）。漫长的地质埋藏过程，储层经历的成岩作用对其储集性能进行了改造，其中压实作用和胶结作用是破坏孔隙的主要成岩作用，而溶蚀作用和破裂作用则是增加孔隙的重要成岩作用。

一、压实作用和胶结作用对储层的影响

在压实作用下，砂岩储层脆性颗粒产生裂纹、塑性颗粒发生变形，颗粒排列趋于紧密。前述第三章第三节研究也表明，随着储层埋藏深度增加，储层物性整体趋势都是不断下降的，早期压实作用影响明显，后期较小。因而，压实作用对储层物性的影响是绝对的。

巴什基奇克组强烈的胶结作用对储层物性影响明显，胶结物含量与孔隙度表现为明显的负相关关系（图7-9）。当胶结物含量低于15％时，储层的孔隙度平均值为11％；当胶结物含量大于15％，储层物性迅速变差，孔隙度平均值为6％，表明胶结作用对储层的破坏性影响。而不同期次的碳酸盐胶结物对储层物性的影响表现为两重性：形成于有效压实作用之前的早期的碳酸盐胶结作用可有效增强岩石的抗压能力，且为后期溶蚀作用提供物质基础；形成于晚期的碳酸盐胶结物则充填孔隙和裂缝，使储层物性变差。从Houseknecht（1987）建立的评价压实作用与胶结作用相对作用大小图可知（图7-10），克拉苏断裂上盘克拉区块、下盘大北区块、下盘克深区块，压实作用造成的平均原始孔隙损失率依次增强；克拉区块胶结作用造成的平均原始孔隙损失率为21％；下盘大北区块为19％，克深区块为12％。可见压实作用和胶结作用是造成白垩系巴什基奇克组储层原生孔隙损失的重要因素，压实作用对断裂下盘储层物性影响更大。

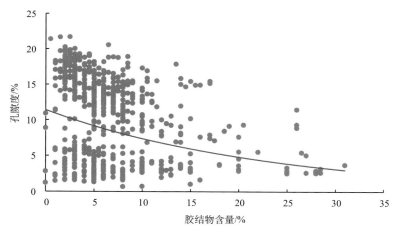

图7-9　库车拗陷克拉苏构造带巴什基奇克组储层胶结物含量–孔隙度关系图

二、溶蚀作用和破裂作用对储层的影响

一般而言，随着埋藏深度增加，压实作用逐渐强烈，孔隙呈减小趋势，但由于溶蚀作用和破裂作用等成岩作用的发生，对储层物性进行有利改造，使深层储层发育次生孔

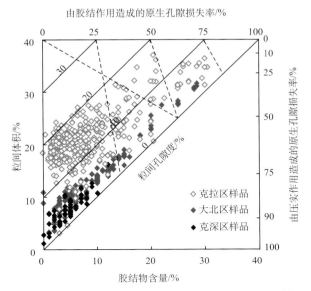

图 7-10 克拉苏构造带巴什基奇克组砂岩胶结物含量与粒间体积关系图

（据 Houseknecht，1987；Ehrenberg，1989，有修改）

隙，从而形成有效储层。克拉苏构造带的溶蚀作用主要为碳酸盐胶结物的溶蚀，以及长石颗粒、部分岩屑的溶蚀。研究区白垩纪末期的构造抬升使区内上白垩统剥蚀殆尽，下白垩统顶部不同程度被剥蚀，大气淡水对下白垩统的表生淋滤作用产生了丰富的次生孔隙（张荣虎等，2008b；沈扬等，2009）。新近纪以来，克拉苏断裂的冲断推覆活动产生了一系列断层，使断层上盘克拉区块抬升调整产生溶蚀作用，下盘大北区块及克深区块深埋挤压储层产生裂缝。而克拉苏构造带烃源岩成熟时间较晚，与溶蚀阶段相当，油气运聚时期的酸性水沿断层通道产生溶蚀作用（顾家裕等，2001；沈扬等，2009），下盘储层内的裂缝也为流体运移提供通道网络，原有构造缝得到溶蚀扩大，有效改善储层物性。

以大北区块为例，基于大北区块 107 块岩样的成岩作用改造孔隙量定量计算结果，统计计算各成岩阶段有效储层百分含量。结果表明：胶结作用后，有效储层的百分含量为 14.95%；溶蚀作用后，有效储层百分含量为 21.5%；构造作用形成裂缝后，有效储层百分含量为 30.84%。由此可见，溶蚀作用使有效储层含量提高了约 6%，而构造破裂作用则提高了约 9%，说明溶蚀作用及构造破裂作用对深层储层改造意义重大。

第三节 构造作用对储层特征的影响

新近纪以来喜马拉雅运动使库车拗陷克拉苏构造带遭受了强烈的构造水平挤压应力作用，这类构造应力不仅形成了复杂的推覆构造样式（卢华复等，2001），也对储层质量产生了重要影响。首先，构造应力可以物理方式使储层孔隙体积缩小，研究区内近水平方向的构造应力产生的压实作用和垂向上重力压实作用结合，使成岩作用加强，破坏储层物性（李军等，2011）。其次，当构造应力增加到一定程度时，有助脆性岩石中裂缝的形成，砂岩储层中的裂缝可有效改善储层物性，形成裂缝型有效储层。另外，部分构造样式在储层演化过程中可以有效保存或改善储层储集空间，增强储层有效性。

一、构造压实对储层的影响

构造应力对深部储层演化起着不可忽视的影响，最为直观的是构造应力以物理作用方式使储层孔隙体积缩小——构造成岩压实作用。构造应力对储层的侧向挤压形成对冲构造，则对核部地层起到构造托举减压作用（赵文智等，2005；朱光辉，2010），保护核部储层物性。构造成岩作用包括以物理作用方式为主的储层孔隙体积缩小、裂缝形成（构造缝和压碎缝），以及流体活动、流体压力变化等。库车拗陷喜马拉雅晚期构造挤压强烈，构造压实效应显著。

寿建峰等（2003，2006）利用声发射法及离子投射电镜法测试获得库车地区下侏罗统及塔西南地区白垩系砂岩的古构造应力值，求取其与砂岩孔隙度减小量之间的定量关系，认为构造挤压应力引起的砂岩孔隙度减小速率为 $0.094\%\sim0.1141\%/MPa$，平均为 $0.1051\%/MPa$。李忠等[①]对库车拗陷克拉苏构造带白垩系砂岩样品进行声发射及离子投射电镜法测试获得样品古构造应力，白垩系细-中细岩屑砂岩的古构造应力值与砂岩孔隙度减小量之间具有较好的相关性（图 7-11）（应用条件为分选中等-较好、杂基含量小于 3%、陆源碳酸盐岩碎屑含量小于 5%、胶结物含量小于 5%、原生孔隙为主的细-中细及细中-粗岩屑砂岩，且已消除深度、胶结作用和溶蚀作用影响因素）。因此，研究区内的构造应力压实效应明显，构造压实减孔量平均值约为 $0.1114\%/MPa$。

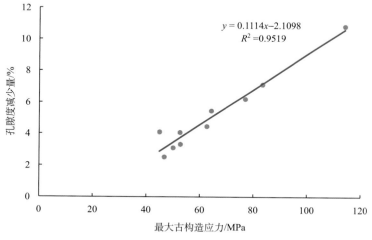

图 7-11　克拉苏构造带白垩系储层古构造应力减孔量关系图[①]

---

　①　本小节中构造应力数据均来源于：李忠，寿建峰，沈扬，等 .2009. 库车地区构造-流体叠加改造与有效储层形成演化机制（内部报告）. 库尔勒：中国石油塔里木油田公司 .

二、构造裂缝对储层的影响

构造作用对储层的另一重要影响表现为构造应力还可以导致库车拗陷克拉苏构造带巴什基奇克组储层裂缝或断裂的形成。裂缝主要包括构造缝和压碎缝，裂缝可为流体提供运移通道和容纳空间，同时裂缝的存在增加了巴什基奇克组储层孔隙沟通能力和渗流能力，可使储层的孔隙度提高 $0.1\% \sim 1\%$，渗透率提高 $1 \sim 2$ 个数量级。

克拉苏构造带巴什基奇克组储层岩心观察表明，大北区块岩心宏观裂缝最发育，克深区块次之，克拉区块偏少。岩样镜下铸体薄片裂缝发育特征与之类似，大北区块中裂缝最为发育 [图 3-3（d）；图 4-4（d）]，且沿裂缝溶蚀现象发育。另外，大北区块及克深区块储层岩样孔隙度和渗透率较差的相关性也表明裂缝的存在（图 3-5）。大北区块巴什基奇克组储层岩心样品的物性分析表明，其渗透率主要分布在 $0.01 \times 10^{-3} \sim 0.1 \times 10^{-3} \, \mu m^2$，而生产测试中，大北区块各个井测试渗透率主要集中分布于 $5 \times 10^{-3} \sim 30 \times 10^{-3} \, \mu m^2$，普遍大于 $1 \times 10^{-3} \, \mu m^2$（刘春等，2009）。由此可见，大北区块巴什基奇克组储层的裂缝非常发育，且连通性较好。裂缝有效改善了研究区内储层物性，提高了储层孔渗能力。

我们以大北 102 井为例，统计计算了最大有效地应力与裂缝视孔隙度、裂缝长度之间的关系。最大有效地应力利用泥岩声波时差等地球物理参数（李军等，2011）估算，裂缝视孔隙度、裂缝长度则参见单井成像测井裂缝特征定量研究成果（详见第六章第三节）。结果表明（图 7-12），三个参数随着深度变化趋势较为一致，大北 102 井整个巴什基奇克组的地应力均较高（最大有效地应力为 $54 \sim 73MPa$，平均值为 65MPa），高地应力段对应裂缝发育段。

三、构造样式对储层的影响

不同构造样式的构造应力分布状态、应力性质及应力大小是有差异的，其对储层的影响也是不同的。克拉苏构造带白垩系巴什基奇克组储层的构造样式主要为三类：构造挤压对冲模式（克拉 2 井为典型代表）、高角度逆冲组合模式（大北区块为典型代表）及低角度逆冲组合模式（克拉-克深区块为典型代表）（李军等，2004；李忠等，2009）。

构造挤压对冲模式以克拉 2 井为典型代表（图 7-13）。其构造应力分布状态差异较大，上盘构造应力较大，古构造应力为 $68 \sim 75MPa$，其构造减孔量为 $7.58\% \sim 8.36\%$；后期冲断层对冲向上的构造应力分量承载了部分静岩压力，核部地层受到构造托举减压作用（赵文智等，2005），白垩系构造应力相对较小，古构造应力约 $28 \sim 42MPa$，其构造减孔量为 $3.12\% \sim 4.68\%$，有利于下伏地层储层孔隙保存，下伏地层比上盘要多保存孔隙度为 $3.68\% \sim 4.46\%$。

高角度逆冲组合模式以大北区块为典型代表（图 7-14）。该区整体应变强，自北向南由多条北倾的高角度逆断层组成，逆冲断层角度多大于 $45°$，总体断层上盘应变较大，发育开启裂缝，背斜脊部裂缝尤为发育，可作为有效储层。在这类构造组合样式

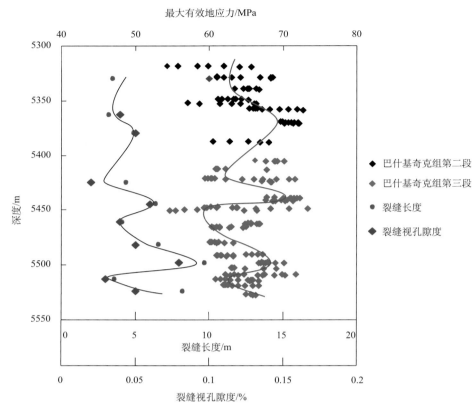

图 7-12　库车拗陷大北 102 井巴什基奇克组最大有效地应力、
裂缝长度裂缝、孔隙度与深度关系图

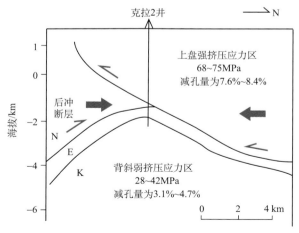

图 7-13　库车拗陷克拉苏构造带克拉 2 井构造样式与构造应力分布图（据李忠等，2009）

中，每条逆断层两侧地层构造应力较为一致，主要变化是随着离北部构造应力源距离越大，构造应力会以1.3～2.0MPa/km的速率变小（李忠等，2009），其构造减孔量为8.36%～10.03%。

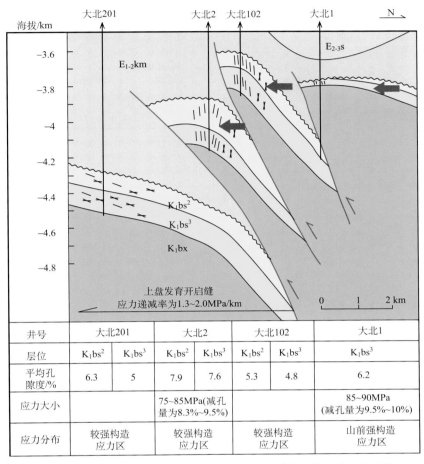

图7-14 库车坳陷克拉苏构造带大北区块构造样式与构造应力分布图

井号	大北201		大北2		大北102		大北1
层位	K_1bs^2	K_1bs^3	K_1bs^2	K_1bs^3	K_1bs^2	K_1bs^3	K_1bs^3
平均孔隙度/%	6.3	5	7.9	7.6	5.3	4.8	6.2
应力大小			75~85MPa(减孔量为8.3%~9.5%)				85~90MPa (减孔量为9.5%~10%)
应力分布	较强构造应力区		较强构造应力区		较强构造应力区		山前强构造应力区

低角度逆冲组合模式以克拉-克深区块为典型代表（图7-15），其表现为自北向南由多条北倾的逆断层组成，但逆冲断层角度偏小，为30°～45°。逆断层形成时间北早南晚，这对构造减孔率是有影响的。对同一套砂岩而言，北侧构造应变的发生时间较早，即构造应变时的砂岩孔隙度较高，相同构造应力的减孔量较高。而南侧构造应变的发生时间较晚，即构造应变时砂岩经受了较强的成岩作用，使其孔隙度较低，相同构造应力的减孔量也会降低。因此该构造成岩的一个特征是由北往南，单位构造应力的减孔量会减小。随着离北部构造应力源距离越远，构造应力受应力递减率（1.3～2.0MPa/km）影响呈减小趋势（李忠等，2009），地应力由强变较强至正常地应力，构造减孔量也由10.03%降至6.12%。自北向南，逆断层的位移量也呈减小趋势，断层上下盘构造应力也有差异，上盘构造应力明显大于下盘，上盘白垩系巴什基奇克组储层发育高角度裂缝。

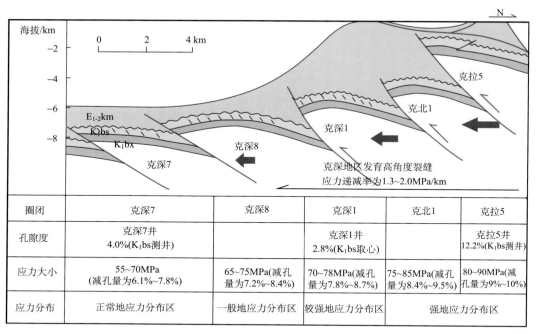

图 7-15　库车拗陷克拉苏构造带克拉-克深区块构造样式与构造应力分布图

综上所述，构造作用对白垩系巴什基奇克组储层的双重影响较为明显。早期构造压实作用减小储层孔隙，但后期构造应力的造缝作用有效改善储层储集空间。不同的构造样式、不同构造部位构造应力对储层孔隙的影响是不同的，或降低储层孔隙，或利于储层孔隙保存，或形成裂缝改善储层质量。

第四节　埋藏史对储层特征的影响

克拉苏构造带白垩系巴什基奇克组储层的埋藏方式对有效储层的形成也具有重要影响。研究区不同区块白垩系储层埋藏史的研究表明（图 7-16），埋藏方式可分为三个阶段：早期长期缓慢浅埋、中期快速深埋、晚期差异调整。早期长期缓慢浅埋，中期短期快速深埋的埋藏方式是一种有利储层孔隙保存的方式。储层在固结成岩之前没有得到充分的压实，在后期短期快速深埋藏时，仍然保持有与其深度不对应的孔隙度，从而形成深层有效储层（钟大康等，2008）。晚期三个区块不同的埋藏速率对储层物性影响非常明显。

克拉区块压实作用不强的原因可能与其所受早期（130~23Ma）缓慢浅埋（埋深小于 1800m）、中期（25~1.64Ma）快速深埋（埋深大于 5000m）、晚期（1.64Ma 至今）快速抬升（约至 4560m）的特殊成岩地质背景有关。该背景下，原生孔隙来不及充分压实而部分保留，而构造抬升发生表生溶蚀作用及晚期烃源岩生烃排酸溶蚀作用使得次生孔隙发育，现今储层孔隙度约在 10% 以上。

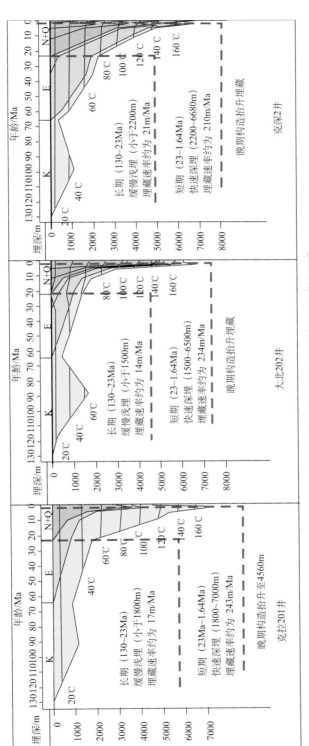

图 7-16 库车拗陷克拉苏构造带不同区块埋藏史图[①]

① 张惠良·张荣虎·漆扬·等．2007．库车-塔北地区白垩系-古近系沉积储层深化研究（内部报告）．库尔勒：中国石油塔里木油田公司。

大北区块与克深区块埋藏方式较为类似。大北区块在早期（130～23Ma）缓慢浅埋（埋深小于1500m），中期（23～1.64Ma）快速深埋（埋深约5000m），晚期（1.64Ma至今）调整深埋（现今埋深约6000m）。克深区块在早期（130～23Ma）缓慢浅埋（埋深小于2200m），中期（23～1.64Ma）快速深埋（埋深逾6700m），晚期（1.64Ma至今）调整深埋（现今埋深约6800m）。尽管早期压实作用损失了较大部分原生孔隙，中期快速深埋使压实作用或构造挤压减孔作用不彻底，且晚期构造挤压造缝及溶蚀作用，改善储层物性，深层储层仍然具有较好的物性条件。

对比克拉苏构造带三个区块白垩系储层不同埋藏阶段不同埋藏速率可见（表7-2），大北区块早期浅埋阶段埋藏速率最低，而中期快速深埋阶段埋藏速率较高，表明大北区块压实作用进行得不彻底，原生孔隙部分保留，晚期构造调整推覆造缝及酸性溶蚀作用使储层裂缝及溶蚀次生孔隙发育，这与大北区块储层镜下储集空间的特点是一致的。

表7-2 克拉苏构造带不同区块不同埋藏阶段埋藏速率比较统计表

埋藏阶段	区块	地史时间/Ma	时间间隔/Ma	埋深/m	埋藏速率/（m/Ma）
早期浅埋	克拉区块			1800	17
	大北区块	130～23	107	1500	14
	克深区块			2200	21
中期深埋	克拉区块			7000	243
	大北区块	23～1.64	21.36	6500	234
	克深区块			6680	210

第五节 烃类充注和膏盐层厚度对储层特征的影响

一、烃类充注对储层的影响

烃类的充注对于深部储层的影响主要有三个方面：一是烃类在早成岩阶段的早期充注，能够排替孔隙内的流体，使储层正常的成岩环境发生变化，烃类在储层中的聚集改变了孔隙水的化学组成，导致孔隙水流动性降低，离子浓度降低，阻碍了矿物-离子之间的质量传递，从而延缓或抑制了成岩作用（主要是自生黏土矿物伊利石、绿泥石等的形成及石英的次生加大、碳酸盐胶结作用）的进程，使孔隙得到很好的保存（Bloch et al.，2002；李会军等，2004；钟大康等，2004）；二是早期烃类充注还可以形成高压，延缓储层压实作用；三是烃类侵位后产生的酸性孔隙流体对深部储层孔隙构成溶蚀改造作用（胡海燕，2004；闫建萍等，2009）。

库车拗陷克拉2、大北1等气藏的成藏期为新近纪库车组末期（王招明，2014），大规模抬升早期阶段是天然气注入的主要时期，同时也是异常高压的形成时期。天然气的注入对白垩系储层物性保存起到了积极的影响。如前所述，烃类充注及超压使碳酸盐类等胶结物的生长受到抑制或减缓，同时伊利石生长受到抑制，致使伊利石的含量在富含油区相对较低。

秋里塔格构造带东侧迪那 201 井 4980～4990m 层段为产气段，产气 342848m³/d，油 34.46m³/d。其上的 4970～4980m 为干层，在岩性均以粉砂岩为主的情况下，产气层段胶结物平均为 12.8%，伊利石平均相对含量为 50.8%，均低于其上非产气层段胶结物（19.2%）及伊利石（54.9%）的含量（图 7-17），说明烃类气体的注入对于储层成岩后期的孔隙保护起到一定的作用。

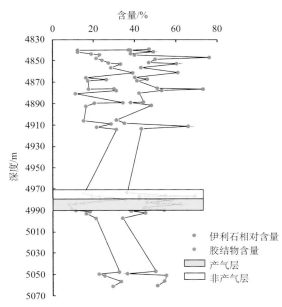

图 7-17　库车拗陷迪那 201 井产层与非产层伊利石、胶结物变化图

二、膏盐层厚度对储层的影响

膏盐层在国内外富含油气的盆地中均有发现，如波斯湾盆地、墨西哥湾盆地、滨里海盆地，我国的渤海湾盆地、塔里木盆地、江汉盆地等，其对深层有效储层形成过程的影响主要表现在如下方面：

（1）膏盐层本身可作为优质盖层，其具有压力封闭和物性封闭的双重封闭机制。由于膏盐层的封盖作用，其下伏地层中流体排出不畅，形成超压，故而超压的分布范围多与膏盐层的分布具有良好的对应关系（梁正中等，2011；贾颖等，2011）。超压的存在，可延缓下伏地层压实作用，使得储层物性得到保存。

（2）膏盐层的导热率高，隔热性差，盐下地层热量容易散失，降低了盐下地层温度，造成成岩演化速率显著降低，使盐下地层的成岩演化相对滞后于没有膏盐层发育的地区。从下伏烃源岩角度来说，可延缓其生油窗（Stover et al.，2001）；从下伏储集层角度来说，碎屑岩储集层的物性得以保存而成为有效储层（万桂梅等，2007；韩冬梅，2011）。

（3）膏盐层的塑性流动可以有效吸收构造应力，盐下断层往往终止于盐层，挤压应力在一定程度得到缓解，未能或仅小部分传递至下伏地层，使下伏储层孔隙得到保存。另一方面，膏盐层在挤压构造变形过程中，由于塑性流动加厚形成盐构造，这种"悬浮"作用可产生一种向上的"浮力"，从而减小上覆地层压力，有利于有效储层的形成（赵文智等，2005，2006；夏明军等，2009）。

（4）膏盐岩层脱水，石膏转化为硬石膏，大量的结晶水进入相邻地层，导致地层压力异常。同时，由于脱出的水富含有机酸，可增强流体-岩石反应，导致溶蚀作用产生，形成次生孔隙（贾颖等，2011）。

上述这些影响在库车拗陷克拉苏构造带均有表现，本次研究就上覆地层膏盐岩厚度与下伏地层孔隙度保存量的定量关系开展工作。

针对库车拗陷克拉苏构造带膏盐岩分布及资料状况，研究大北区块巴什基奇克组第二段的埋深与古近系膏盐岩厚度（包括膏盐岩段、膏泥岩段）以及测井物性（包括测井平均孔隙度、测井平均渗透率）之间关系（图7-18，表7-3）。因大北区块第二段埋深差异比较大，为消除埋深影响，将埋深分为5000～6000m、6000～7000m区间井段分别统计。由图7-18可以看出，两埋深区间的膏盐岩厚度与测井平均孔隙度具有较好的相关性，随着膏盐岩厚度的增厚，下伏储集层测井平均孔隙度变大。储层埋深区间不同，随着上覆古近系膏盐岩层增厚，第二段储层孔隙度保存增大的幅度也不同。当第二段埋深位于5000～6000m，古近系膏盐岩层厚度每增加约400m，第二段储层保存孔隙度增加1%；而当第二段埋深在6000～7000m时，古近系膏盐岩层厚度每增加550m，第二段储层保存孔隙度增加1%。

同时作者也统计了膏盐岩厚度与测井平均渗透率的关系，因测井解释渗透率没有考虑裂缝影响，同时测井解释孔隙度偏小，其与膏盐岩层厚度之间没有明显相关关系。

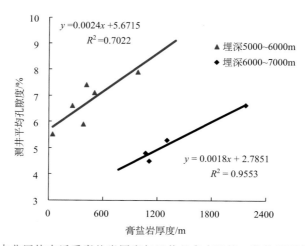

图7-18　库车拗陷大北区块古近系膏盐岩厚度与巴什基奇克组第二段储层测井平均孔隙度关系图

表 7-3 库车拗陷大北区块巴什基奇克组第二段膏盐岩厚度与物性关系统计表

井号	埋深区间/m	平均埋深/m	膏盐岩厚/m	测井参数	
				平均孔隙度/%	平均渗透率/10⁻³μm²
大北 2		5627	982	7.9	0.099
大北 103		5747	389	5.9	0.055
大北 101	5000～6000	5760	506	7.1	0.094
大北 202		5782	418	7.4	0.09
大北 104		5948	43	5.5	
大北 204		5967	265	6.6	0.092
大北 203		6414	2177	6.63	0.084
大北 301	6000～7000	6995	1306	5.3	
大北 5		6998	1113	4.5	
大北 3		7081	1071	4.8	

第六节 异常高压对储层的影响

地层异常高压对有效储层的控制作用主要表现为：延缓岩石的压实作用和抑制岩石的压溶作用（Osborne and Swarbrick，1999；Taylor et al.，2010）、促进有机酸的生成从而易形成次生孔隙（Wilkinson et al.，1997；王占国，2005）及形成裂缝。以大北区块为例，其平均压力系数为 1.6，属超压-强超压系统。通过统计大北区块单井不同井段不同压力系数与有效储层百分含量的关系（图 7-19），发现随着压力系数增大，有效储层百分含量增多，说明地层异常高压对有效储层发育是有控制作用的。鉴于研究区内异常高压形成时间较为一致，主要由喜马拉雅晚期构造挤压形成（宋岩等，2006），因此异常高压为有效储层形成的重要因素，但不是储层物性差异形成的主控因素。

169

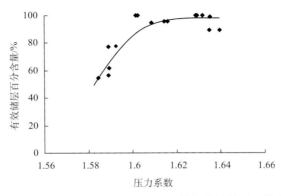

图 7-19 大北区块巴什基奇克组储层压力系数与有效储层百分含量关系图

第七节　有效储层形成机理及发育模式

　　综上所述，库车拗陷克拉苏构造带白垩系巴什基奇克组有效储层质量由沉积作用、成岩作用、构造作用、埋藏史、烃类充注、上覆膏盐层厚度及异常高压等因素综合控制，前四种地质作用控制作用较为明显，其中有利的沉积物质、有利的沉积相带为有效储层形成的基础条件，其他不同控制因素在克拉苏构造带不同区块的比重也不同（图7-20），图中储集空间线条粗细代表了不同储集空间所占相对比例。

　　克拉区块位于克拉苏断裂上盘东段，目的层巴什基奇克组埋深相对偏浅，为2300～4400m，岩性以中砂岩、细砂岩为主，其有效储集空间主要为次生溶蚀孔隙，其次为原生孔隙，裂缝不发育。次生溶蚀孔隙的形成主要受控于构造抬升后大气淡水淋滤溶蚀及烃源岩成熟排酸溶蚀，原生孔隙的保存主要得益于早期缓慢浅埋、中期快速深埋的埋藏方式。因此，克拉区块有效储层的发育与溶蚀作用密切相关，弱构造挤压带与辫状河/扇三角洲前缘水下分流河道砂体叠合带为有利发育区。有效储层类型为原生粒间孔-次生溶孔型储层，平均孔隙度约12.67%，几乎未见或少见裂缝发育（图7-21）（为更好的表现中期快速深埋阶段及晚期构造抬升埋藏阶段对储层孔隙演化的影响，将时间轴上0～10Ma适度放大，下文大北区块及克深区块也做相同处理，三区块埋藏史曲线均来源于张惠良等内部报告[①]，构造剖面据漆家福和李艳友内部报告[②]）。

　　大北区块位于克拉苏构造带克拉苏断裂下盘西段，目的层巴什基奇克组埋深较深，为5300～7400m，岩性以细砂岩、中砂岩为主，其有效储集空间主要为原生孔隙，其次为次生孔隙。压实作用及胶结作用对原生孔隙的损失率约87%，但特殊的埋藏方式（早期缓慢浅埋、中期快速深埋）促使部分原生孔隙得到保存。次生孔隙包括溶蚀孔隙及裂缝。在构造应力集中部位裂缝发育地区储层的储集性能比较好，加之烃源岩成熟排酸形成次生溶孔及对裂缝的溶蚀扩大对致密储层的有效改造，可形成较好的储层。因此，虽然早期压实作用及胶结作用破坏了大部分原生孔隙，但保留下来的原生孔隙及晚期形成的裂缝、溶孔构成了有效储层重要储集空间。其有效储层主要发育在辫状河/扇三角洲前缘水下分流河道砂体内，中薄层贫泥中细砂岩为最有利岩相类型，断裂带附近、褶皱的轴部及背斜翼部等构造应力集中部位，发育高角度缝和网状裂缝，上覆厚层膏盐层（最大可达2000余米）也有利于下伏储层孔隙的保存。大北区块有效储层类型主要为裂缝性原生粒间孔型储层，平均孔隙度约3.61%，裂缝发育（图7-22）。

　　克深区块巴什基奇克组有效储层形成机理与大北区块类似。其位于克拉苏构造带克拉苏断裂下盘东段，目的层埋深为6500～8300m，岩性以细砂岩、中砂岩为主，主要储集空间为次生孔隙及原生孔隙，次生孔隙以溶蚀孔隙和裂缝为主，压实作用及胶结作用对原生孔隙的损孔率约92%，原生孔隙近于消失殆尽。烃源岩排酸形成次生溶孔配

────────────────

　　① 张惠良，张荣虎，沈扬，等.2007.库车拗陷沉积储层研究及储层精细描述（内部报告）.库尔勒：中国石油塔里木油田公司.

　　② 漆家福，李艳友.2012.库车前陆盆地地质结构再认识及大北-克深三维区构造建模（内部报告）.库尔勒：中国石油塔里木油田公司.

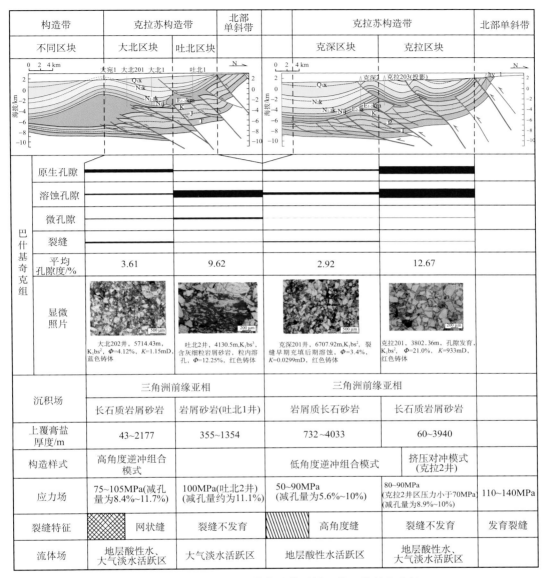

构造带	克拉苏构造带		北部单斜带	克拉苏构造带		北部单斜带

（图略）

图 7-20　库车拗陷克拉苏构造带不同区块巴什基奇克组
储层储集空间与沉积-成岩-构造耦合关系图

合构造应力形成的裂缝增孔，使其在现今 8000m 埋深还存在有效储层。克深区块巴什基奇克组有效储层发育的有利微相类型为辫状河/扇三角洲前缘水下分流河道，有利岩性为偏粗粒中薄层砂岩，构造部位仍以断裂带附近应力高值区对应的高角度裂缝发育处为宜，上覆膏盐有利于下伏储层孔隙的保存。克深区块有效储层类型为裂缝性次生溶蚀孔型储层，平均孔隙度约为 2.92%，裂缝较为发育（图 7-23）。

库车拗陷克拉苏构造带克拉区块、大北区块及克深区块三区块有利储层发育模式对比见表 7-4。

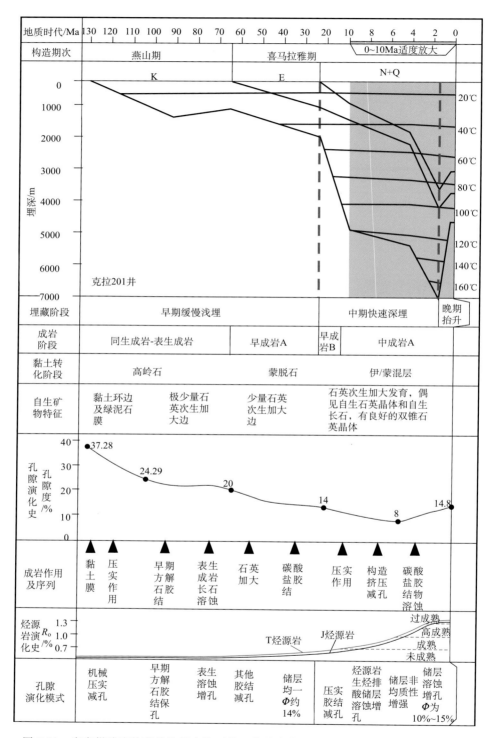

图 7-21 库车拗陷克拉苏构造带克拉区块巴什基奇克组深部有效储层演化发育模式图

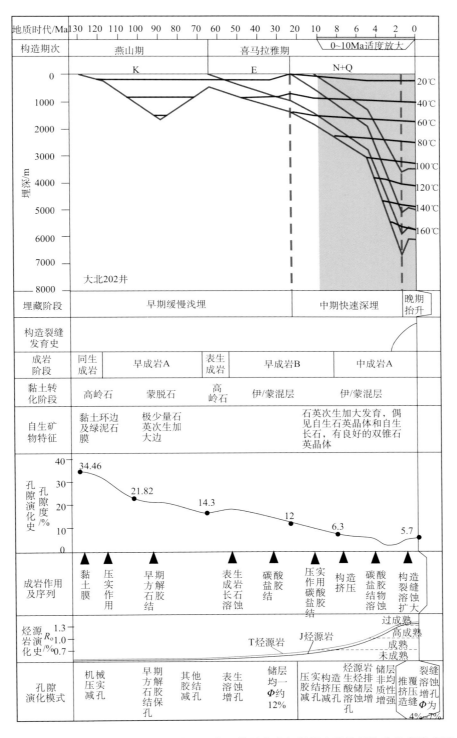

图 7-22 库车拗陷克拉苏构造带大北区块巴什基奇克组深部有效储层演化发育模式图

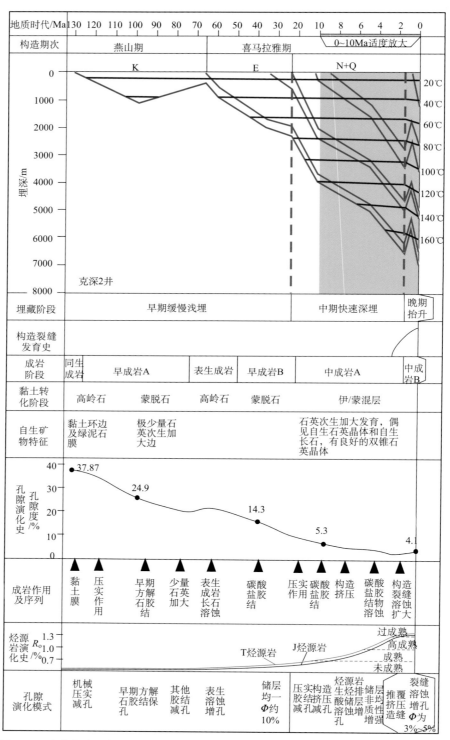

图 7-23　库车拗陷克拉苏构造带克深区块巴什基奇克组深部有效储层演化发育模式图

表 7-4 库车拗陷克拉苏构造带巴什基奇克组不同区块有效储层发育模式

模式	克拉模式	大北模式	克深模式
储层岩性物性特征	细砂岩 37%，中砂岩 59%；平均埋深：3825m 平均孔隙度：12.9%；平均渗透率：44.3×10⁻³μm²	细砂岩 57%，中砂岩 36%；平均埋深：6077m 平均孔隙度：3.6%；平均渗透率：0.17×10⁻³μm²	细砂岩 43%，中砂岩 55%；平均埋深：6814m 平均孔隙度：2.92%；平均渗透率：0.044×10⁻³μm²
有利储层发育区	① 辫状河三角洲和扇三角洲前缘分流河道 ② 强烈溶蚀带 ③ 近不整合面	① 辫状河三角洲和扇三角洲前缘分流河道 ② 偏粗粒贫泥中薄层中细砂岩 ③ 近断裂处、褶皱曲率大处 ④ 膏盐厚度大	① 辫状河三角洲和扇三角洲前缘分流河道 ② 粗粒贫泥中薄层中细砂岩 ③ 近断裂处、褶皱曲率大处 ④ 膏盐厚度大
有效储层类型	原生粒间孔-次生溶孔型储层	裂缝性原生粒间孔型储层	裂缝性次生溶孔型储层

第八章 储层评价及有效储层预测

第一节 基于主成分分析的储层质量评价模型

一、主成分分析方法及模型建立

近年来随着多元统计方法的普及及应用，主成分分析方法作为一种评估方法已在各行业得到了很好的运用（Hower，2001；Ying，2005；Victoria and Allan，2008；骆行文和姚海林，2010；Januj，2012）。主成分分析是把数目较多的变量做线性组合，组合成几个能反映主要特征的新变量，将原有的多种指标重新组合成一组新的互不相关的几个综合指标来代替原来的指标。这种方法能在最大限度的保留原有信息的基础上，对高维变量系统进行最佳的综合与简化，并客观的确定各个指标的权重，从而避免了主观随意性（康永尚等，2005；杨永国，2010）。在地质学研究中，常常要做多变量的综合分析，而这些变量经常不是独立的，存在复杂的相关关系，难以开展综合分析。为使分析层次更分明，需要用到主成分分析，即数学上的一种处理降维的方法。主成分分析还可以和其他方法结合使用，如与回归分析结合便形成主成分回归分析，它可以克服回归分析中由于自变量之间的高度相关而产生的问题。

储层评价是对储层做出准确的符合地质实际的分类与评价工作，对油气田的勘探开发起着重要的指导作用（纪友亮，2009）。目前对于储层评价一般是采取正向思维方式，即确定性思维，如利用孔隙度、渗透率、中值半径、产能等直观参数对储层进行分类评价（Leverson，1975；罗哲潭和王允诚，1986；裴怿楠，1997；陈丽华等，2000）。考虑到储层的非均质性，大量非确定性因素影响储层质量，单纯利用孔渗等宏观参数或孔喉等微观参数对储层进行分类评价都有其片面性。因此，本章研究尝试采用逆向思维，以克拉苏构造带大北区块大北 203 井巴什基奇克组储层为例，选取与储层质量相关的、能间接反映储层质量的 11 个不同参数，运用数值计算及统计技术，采用主成分分析方法，对这些参数指标进行相关数据处理，确定每个评价指标的权重系数，建立研究区的储层质量评价模型，分析控制储层质量最重要的因素，利用该模型的计算结果对储层质量进行排序，最后选用孔渗参数对排序结果进行比较验证。

（一）主成分分析方法的基本思想

主成分分析在数学上就是将原来 m 个指标做线性组合，求得新的综合指标，并选取几个具有代表性的综合指标（原指标的线性组合）来反映原来的信息特征。下面介绍这种选择方法原理和实现过程。

如果将选取的第一个线性组合即第一个综合指标记为 F_1，则期望 F_1 尽可能多地反映原来的指标信息，这里的"信息"用什么来表示呢？最经典的方法就是用 F_1 的方差来表示，F_1 的方差越大，表示 F_1 包含的信息越多。因此，在所有线性组合中，选取的 F_1 应该是方差最大的，称 F_1 为第一主成分。如果第一主成分没有包含原来 m 个指标的绝大部分信息，须考虑选取第二个线性组合 F_2，且希望 F_1 中已有的信息不在出现在 F_2 中，则 F_2 称为第二主成分，依次可以建立第三、第四等主成分，要求这些主成分互不相关，且方差依次减小。

（二）主成分分析的几何意义和数学模型

下面用一个简单的例子说明主成分分析的原理。

设有 n 个样品，每个样品测量了两个变量 x_1 和 x_2，在由 x_1 和 x_2 确定的样品空间中，n 个样品点的分布如图 8-1 所示。从图上可以看到，变量 x_1 和 x_2 都有较大的波动（方差较大），而且，二者具有明显的相关性。如果作一坐标旋转，取 F_1 和 F_2 为新坐标轴，则在新坐标系中有如下性质：①n 个样品点的新坐标 F_1 和 F_2 的相关性很小，几乎为 0；②在新坐标 F_1 和 F_2 中，n 个点的波动（方差），大部分归结为 F_1 的波动，而 F_2 的波动很小，故用 F_1 可以反映变量的大部分信息；③F_1 和 F_2 与 x_1 和 x_2 间的关系可用下式表示：

$$F_1 = x_1\cos\theta + x_2\sin\theta$$
$$F_2 = x_2\cos\theta - x_1\sin\theta \tag{8-1}$$

式（8-1）的矩阵表达形式为

$$\begin{bmatrix} F_1 \\ F_2 \end{bmatrix} = \begin{bmatrix} \cos\theta & \sin\theta \\ -\sin\theta & \cos\theta \end{bmatrix} \begin{bmatrix} x_1 \\ x_2 \end{bmatrix} = \begin{bmatrix} a_{11} & a_{12} \\ a_{21} & a_{22} \end{bmatrix} \begin{bmatrix} x_1 \\ x_2 \end{bmatrix} = \mathbf{A} \begin{bmatrix} x_1 \\ x_2 \end{bmatrix} \tag{8-2}$$

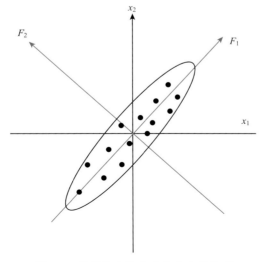

图 8-1 样品分布和主成分分布的关系

其中 $\boldsymbol{A} = \begin{bmatrix} a_{11} & a_{12} \\ a_{21} & a_{22} \end{bmatrix}$ 是标准正交矩阵，其元素满足：

$$\begin{cases} a_{j1}^2 + a_{j2}^2 = 1 \\ a_{11}a_{21} + a_{12}a_{22} = 0 \end{cases} \qquad j = 1,2 \tag{8-3}$$

从以上三点可以看出，这样得到 F_1 和 F_2 是无关的，而且 F_1 在的线性组合中方差最大，线性组合的系数 $a_{jj'}$（$j = 1,2$；$j' = 1,2$）满足标准正交的条件。

以上是 2 维的情况，如果将其结果推广到 m 维的情况，如下：

设原始变量为 x_1，x_2，$\cdots$，x_n，主成分分析后得到的新变量为 F_1，F_2，$\cdots$，F_m，它们是 x_1，x_2，$\cdots$，x_n 的线性组合（$m < n$）。新变量 F_1，F_2，$\cdots$，F_m 构成的坐标系是在原坐标系经平移和正交旋转后得到的。称 F_1，F_2，$\cdots$，F_m 张成的空间为 m 维主超平面。在主超平面上，第 1 主成分 F_1 对应于数据变异（贡献率 e_1）最大的方向，对于 F_2，$\cdots$，F_m，依次有 $e_2 \geqslant \cdots \geqslant e_m$。因此，$F_1$ 是携带原始数据信息最多的一维变量，m 维主超平面是保留原始数据信息量最大的 m 维子空间。设有 n 个样品，每个样品观测 p 项指标，得到原始数据资料，为了排除数量级和量纲不同带来的影响，用式（8-4）先对原始数据进行标准化处理：

$$X_{ij} = (x_{ij} - \overline{x_i}) / \sigma_i \tag{8-4}$$

式中，x_{ij} 为第 i 个指标第 j 个分区的原始数据；$\overline{x_i}$、σ_i 分别为第 i 个指标的样本均值和标准差。

$$\boldsymbol{X} = \begin{bmatrix} X_{11} & X_{12} & \cdots & X_{1p} \\ X_{21} & X_{22} & \cdots & X_{2p} \\ \vdots & \vdots & & \vdots \\ X_{n1} & X_{n2} & \cdots & X_{np} \end{bmatrix} = (\boldsymbol{X}_1, \boldsymbol{X}_2, \cdots, \boldsymbol{X}_p) \tag{8-5}$$

其中

$$\boldsymbol{X}_i = \begin{bmatrix} X_{1i} \\ X_{2i} \\ \vdots \\ X_{ni} \end{bmatrix} \qquad i = 1, \cdots, p \tag{8-6}$$

用数据矩阵 $\boldsymbol{X}$ 的 p 个向量（即 p 个指标向量）$\boldsymbol{X}_1$，$\boldsymbol{X}_2$，$\cdots$，$\boldsymbol{X}_p$ 作线性组合（即综合指标向量）为

$$\begin{cases} F_1 = a_{11}\boldsymbol{X}_1 + a_{21}\boldsymbol{X}_2 + \cdots + a_{p1}\boldsymbol{X}_p \\ F_2 = a_{12}\boldsymbol{X}_1 + a_{22}\boldsymbol{X}_2 + \cdots + a_{p2}\boldsymbol{X}_p \\ \qquad\qquad\qquad\qquad \vdots \\ F_p = a_{1p}\boldsymbol{X}_1 + a_{2p}\boldsymbol{X}_2 + \cdots + a_{pp}\boldsymbol{X}_p \end{cases} \tag{8-7}$$

即

$$F_i = a_{1i}\boldsymbol{X}_1 + a_{2i}\boldsymbol{X}_2 + \cdots + a_{pi}\boldsymbol{X}_p \qquad i = 1, \cdots, p \tag{8-8}$$

式（8-8）要求

$$a_{1i}^2 + a_{2i}^2 + \cdots + a_{pi}^2 = 1 \qquad i = 1, \cdots, p \qquad (8-9)$$

且系数a_{ij}由下列原则决定：

（1）F_i与F_j（$i, j = 1, \cdots, p$，$i \neq j$）不相关。

（2）F_1是X_1，$\cdots$，X_p的一切线性组合（系数满足上述方程组）中方差最大的；F_2是与F_1不相关的X_1，$\cdots$，X_p一切线性组合中方差最大的；以此类推，F_p是与F_1，F_2，$\cdots$，F_{p-1}都不相关的X_1，$\cdots$，X_p的一切线性组合中方差最大的。

（三）储层质量综合评价模型

根据标准化数据表x_{ij}，计算相关系数矩阵$\boldsymbol{R} = (r_{ij})_{n \times p}$，其中

$$r_{ij} = \frac{1}{n} \sum_{k=1}^{n} (x_{ki} - \overline{x_i})(x_{kj} - \overline{x_j}) \sigma_i \sigma_j \qquad (8-10)$$

计算$\boldsymbol{R}$的特征值和特征向量，根据特征方程$[\boldsymbol{R} - \lambda \boldsymbol{I}] = 0$，计算特征根$\lambda_i$对应的特征向量$\boldsymbol{u}_1$，$\boldsymbol{u}_2$，$\cdots$，$\boldsymbol{u}_n$，它们标准正交$\boldsymbol{u}_1$，$\boldsymbol{u}_2$，$\cdots$，$\boldsymbol{u}_n$称为主轴。

贡献率

$$e_i = \lambda_i / \sum_{i=1}^{n} \lambda_i \qquad (8-11)$$

累计贡献率

$$E_i = \sum_{j=1}^{m} \left(\lambda_i / \sum_{i=1}^{n} \lambda_i \right) \qquad (8-12)$$

主成分

$$z_j = \sum_{j=1}^{p} \sum_{i=1}^{n} u_{ij} x_{ij} \qquad (8-13)$$

通过求累计贡献率E_i来确定最小m，一般取$E_i \geqslant 85\%$。从而可得主超平面的维数m，这样就可对m个主成分进行综合分析。

若已选择m个主成分，F_1，F_2，$\cdots$，F_m，以每个主成分的方差贡献率为权系数，则可得储层质量的主成分分析评价模型为

$$F = \sum_{i=1}^{m} \beta_i F_i \qquad i = 1, 2, \cdots, m \qquad (8-14)$$

该模型能在原始变量的数据信息损失最少的原则下，通过原始变量的少数几个彼此不相关的线性组合来对原始变量进行综合，从而很容易抓住事物的主要矛盾，对储层质量进行综合评价。

二、大北 203 井的分析案例

针对前述方法与模型，基于克拉苏构造带大北 203 井岩心样品分析数据（粒度分析数据、物性分析数据、岩石薄片分析数据、宏观岩心观察），考虑沉积、成岩及构造裂缝对储层质量的影响，选取能间接反映储集层物性质量的指标，合理量化及赋值之后，

采用主成分分析方法对这些指标进行相关的数值处理,得出评价储集层物性质量的数学模型。在对15组储层岩样的11项指标进行分析后,运用该模型对岩样的物性质量进行评价,并对该15组岩样的得分进行排序,将评价结果与实际物性分析对比。结果表明,该模型的评价结果与储层的实际质量符合性较好。

(一)参数选取

选取的储层物性指标为 C 值、粒度比值、成分成熟度、泥质含量、碳酸盐含量、岩石视密度、裂缝状况、平均孔喉半径、视压实率、视胶结率及视溶蚀率共 11 项 15 组数据。其中 C 值为粒度分析资料中概率累积曲线上颗粒含量为 1% 处对应的粒径,其代表了水动力开始搬运的最大能量;粒度比值 $S = \Phi_{25} / \Phi_{75}$,其中 Φ_{25} 与 Φ_{75} 为筛析法粒度分析测得的数据;成分成熟度利用储层岩样薄片鉴定中石英、长石及岩屑百分含量求得,表达式为(石英+2×长石)/岩屑;泥质含量为储层普通薄片分析数据;碳酸盐含量和岩石视密度为储层物性分析数据;裂缝状况参考岩心宏观观察,对应井段如见裂缝发育且未充填,赋值2,见裂缝且充填或半充填,赋值1,未见裂缝,赋值0;平均孔喉半径数据来源于压汞测试报告;视压实率、视胶结率、视溶蚀率等成岩参数计算方法参见第五章第一节。选取的 11 项指标分别取为原始变量 X_1,X_2,…,X_{11},原始指标数据见表(表 8-1)。

表 8-1　库车拗陷大北 302 井巴什基奇克组主成分分析原始指标数据表

样品号	深度/m	C 值	粒度比值	成分成熟度	泥质含量/%	碳酸盐含量/%	岩石视密度/(g/cm³)	裂缝状况	平均孔喉半径/μm	视压实率/%	视胶结率/%	视溶蚀率/%
		X_1	X_2	X_3	X_4	X_5	X_6	X_7	X_8	X_9	X_{10}	X_{11}
1	6345.98	0.41	0.658	8.38	1	8.68	2.59	1	0.0274	71.46	64.04	20.00
2	6346.81	0.39	0.615	8.38	2	5.65	2.58	0	0.0927	73.97	61.35	13.64
3	6347.3	0.37	0.593	8.38	2	2.18	2.60	0	0.1098	74.75	64.64	15.38
4	6347.87	0.23	0.444	9.25	2	5.75	2.67	0	0.0596	74.12	80.80	22.67
5	6348.17	0.21	0.46	8.38	1	8.07	2.66	0	0.0254	74.47	100	0
6	6349.56	0.37	0.456	7.13	1	4.72	2.65	1	0.0274	70.53	68.43	0
7	6350.04	0.35	0.504	8.38	2	3.95	2.58	0	0.0314	76.38	82.11	33.33
8	6351.67	0.49	0.738	7.13	2	14.96	2.58	0	0.0661	66.53	79.95	16.67
9	6352.15	0.49	0.624	7.13	3	12.83	2.59	0	0.0646	65.67	82.43	8.50
10	6353.05	0.49	0.629	6.63	3	9.39	2.55	0	0.0763	75.37	61.56	11.00
11	6353.66	0.34	0.587	6.63	3	9.08	2.58	0	0.0804	65.67	82.43	8.50
12	6354.25	0.47	0.609	7.00	2	16.38	2.59	0	0.0894	75.37	61.56	11.00
13	6354.81	0.34	0.682	7.13	2	13.79	2.58	1	0.0620	65.67	82.43	8.50
14	6356.4	0.32	0.592	7.13	1	4.41	2.51	0	0.0814	75.37	61.56	11.00
15	6357.2	0.38	0.524	7.64	2	3.11	2.63	0	0.0416	79.18	100	0

（二）原始数据标准化

利用 SPSS（statistical product and service solutions）数据分析软件对原始指标进行标准化，得出标准化数据表 $(x_{ij})_{15 \times 11}$（$i=1,2,3,\cdots,15; j=1,2,3,\cdots,11$）。

（三）计算相关矩阵 **R**

根据 $(x_{ij})_{15 \times 11}$，计算的到相关系数矩阵 $\boldsymbol{R}=(r_{ij})_{15 \times 11}$。相关系数表中有较大的相关系数，可以使用主成分分析方法。

（四）求解 **R** 特征值及特征向量

求取相关系数矩阵的特征值 λ_i 和特征向量 $\boldsymbol{u}_i$，大北 302 井第二段储层岩样 11 项指标结果的特征值、贡献率及累计贡献率如下表（表 8-2、表 8-3）。其特征值取累计贡献率 75% 以上的 λ_1、λ_2、λ_3。

表 8-2　库车拗陷大北 302 井主成分分析特征值、贡献率和累计贡献率

序号	特征值	贡献率/%	累计贡献率/%
1	3.949	35.903	35.90
2	2.115	19.228	55.13
3	1.459	3.949	68.39
4	1.091	9.916	78.31

表 8-3　库车拗陷大北 302 井对应特征值的特征向量表

原始指标	标准化指标	u_1	u_2	u_3	u_4
C 值	X_1	0.394	−0.025	0.066	−0.045
粒度比值	X_2	0.434	−0.074	0.169	0.163
成分成熟度	X_3	−0.364	0.237	0.233	0.386
泥质含量	X_4	0.263	0.538	−0.445	0.248
碳酸盐含量	X_5	0.322	−0.320	−0.103	0.309
岩石视密度	X_6	−0.378	−0.190	−0.135	0.159
裂缝状况	X_7	−0.032	−0.472	0.495	−0.066
平均孔喉半径	X_8	0.303	0.389	−0.097	−0.150
视压实率	X_9	−0.244	0.418	0.023	−0.342
视胶结率	X_{10}	−0.236	−0.246	−0.541	0.300
视溶蚀率	X_{11}	0.021	0.364	0.372	0.638

第一主成分表达式为

$$F_1 = 0.394X_1 + 0.434X_2 - 0.364X_3 + 0.263X_4 + 0.322X_5 - 0.378X_6$$
$$- 0.032X_7 + 0.303X_8 - 0.244X_9 - 0.236X_{10} + 0.021X_{11} \tag{8-15}$$

第二主成分表达式为

$$F_2 = -0.025X_1 - 0.074X_2 + 0.237X_3 + 0.538X_4 - 0.32X_5 - 0.19X_6$$
$$- 0.472X_7 + 0.389X_8 + 0.418X_9 - 0.246X_{10} + 0.364X_{11} \qquad (8\text{-}16)$$

第三主成分表达式为

$$F_3 = 0.066X_1 + 0.169X_2 + 0.233X_3 - 0.445X_4 - 0.103X_5 - 0.135X_6$$
$$+ 0.495X_7 - 0.097X_8 + 0.023X_9 - 0.541X_{10} + 0.372X_{11} \qquad (8\text{-}17)$$

第四主成分表达式为

$$F_4 = -0.045X_1 + 0.163X_2 + 0.386X_3 + 0.248X_4 + 0.309X_5 + 0.159X_6$$
$$- 0.066X_7 - 0.15X_8 - 0.342X_9 + 0.3X_{10} + 0.638X_{11} \qquad (8\text{-}18)$$

由表 8-2 可以看出，F_1、F_2、F_3 和 F_4 对方差的贡献率分别为 35.90%、19.23%、3.95% 和 9.92%，累计贡献率为 78.31%。其分别对应着样本变异的最大、次最大、第三最大和第四最大方向，而损失的数据信息占原信息的 21.69%，这就使数据结构更为简化。

（五）模型结果分析

由第一主成分的表达式可以看出，C 值、粒度比值、碳酸盐含量及岩石视密度对第一主成分的影响最大，第一主成分表现为储层的岩样组构、水动力条件对物性质量的影响，可见沉积条件对研究区储层质量起着最重要的控制作用；由第二主成分的表达式可以看出，储层岩样的泥质含量、平均孔喉半径及视压实率对储层物性影响最大，表现出压实作用对储层质量的影响；第三主成分的表达式表明裂缝状况及视胶结率为主要影响因素，表明胶结作用及构造破裂作用对储层质量的控制作用；第四主成分的表达式则表明溶蚀作用对储层物性质量的影响。

根据所筛选出影响储层岩样物性质量的四个主成分，由主成分 F_1、F_2、F_3、F_4 与各自方差贡献率之积可算出综合得分，储层物性质量综合评价表达式为

$$F = \frac{\lambda_1}{\lambda_1 + \lambda_2 + \lambda_3 + \lambda_4}F_1 + \frac{\lambda_2}{\lambda_1 + \lambda_2 + \lambda_3 + \lambda_4}F_2 + \frac{\lambda_3}{\lambda_1 + \lambda_2 + \lambda_3 + \lambda_4}F_3$$
$$+ \frac{\lambda_4}{\lambda_1 + \lambda_2 + \lambda_3 + \lambda_4}F_4 \qquad (8\text{-}19)$$

即

$$F = 0.458F_1 + 0.246F_2 + 0.169F_3 + 0.127F_4$$

得分结果如表 8-4 所示，结果表明，储层岩样的主成分评价得分排序与其物性测试数据具有较好的对应关系的，说明储层物性质量的主成分分析评价模型是可行的。

（六）讨论

通过选取能间接反映储层物性的多项指标进行统计分析，利用主成分分析方法建立研究区储层物性质量综合评价模型，这一方法被证明是可行的。对大北区块大北 203 井

的研究结果表明，四个主成分依次表达了沉积作用、压实作用、胶结作用、裂缝发育情况及溶蚀作用对大北区块储层质量控制作用由强到弱。因此，在进行大北区块储层评价工作时，沉积作用、压实作用、胶结作用、构造破裂作用及溶蚀作用对储层质量影响的权重系数依次降低，这一结果与前述大北区块储层质量控制因素分析结果较为吻合。

表 8-4　库车拗陷大北 302 井储层岩样物性质量综合得分排序

样品号	得分	孔隙度/%	平行渗透率/$10^{-3}\mu m^2$
10	1.31	4.41	0.0658
8	1.09	3.44	0.0646
12	0.91	3.19	0.0842
2	0.68	4.05	0.0411
11	0.60	4.17	0.0468
3	0.52	3.59	0.0644
9	0.43	2.61	0.0469
14	0.34	5.50	0.0454
13	0.19	3.58	0.0524
1	0.05	4.49	0.0340
7	−0.03	2.20	0.0392
4	−0.92	1.58	0.0259
15	−1.32	2.35	0.0589
6	−1.53	2.17	0.0403
5	−2.31	1.69	0.0334

　　为了对主成分分析结果进行检验，选取参数较为丰富的大北 2 井、大北 6 井、大北 104 井，将其各类参数与物性做交汇图，从图 8-2 可以看出，第一主成分中 C 值、粒度比值与孔隙度相关性均非常高，第二主成分中的泥质含量与孔隙度也具有相关性，但数据点较为发散，第三主成分中的碳酸盐含量与孔隙度也具有一定相关性，数据点较为发散。综上可见，主成分分析的结果是可靠的。

　　需要提及的是，主成分分析方法的初衷就是缩减数据因子，最大限度地在保留原有信息的基础上，对高维变量系统进行最佳的综合和简化，客观的确定各个指标的权重。在本次实验研究过程中，储层岩样组数有限，选取的变量个数也有限，另外还有部分影响参数未能选入，如研究区内上覆古近系膏盐层厚度、盆地古地温、地层超压条件等均会对储层质量造成影响，但因为选取的岩样在井上深度相近，参数值相近，且对储层物性差异的影响偏小，故未考虑选入上述因子。但这种方法对于确定不同地质作用（选取相关的参数）对储层质量影响的权重对储层评价工作是具有重要意义的，为储层质量评价提供了一种新的思路。

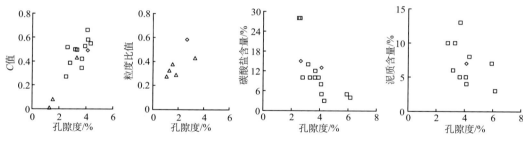

◇ 大北2　□ 大北6　△ 大北104

图 8-2　库车拗陷克拉苏构造带巴什基奇克组储层不同评价参数与孔隙度交汇图

第二节　白垩系有效储层空间展布规律及预测

一、储层综合评价标准

本次研究结合岩心资料、储层分析化验资料、测井资料，综合研究区沉积相特征、储层储集空间及物性特征、储层成岩作用及成岩相特征、储层物性下限的研究，选取孔隙度、渗透率、岩性、面孔率、中值压力等参数，从宏观角度定性的对储层进行分类及评价，参考大北气田含气砂岩储层评价标准，结合储层质量主成分分析评价结果，将研究区巴什基奇克组储层分为五类：Ⅰ类、Ⅱ类、Ⅲ类、Ⅳ类、Ⅴ类（表 8-5），前三类为有效储层，Ⅳ类为差储层，Ⅴ类为极差（非储层）。

表 8-5　库车拗陷白垩系巴什基奇克组砂岩储层分类评价标准

参数	分级				
	Ⅰ	Ⅱ	Ⅲ	Ⅳ	Ⅴ
孔隙度/%	≥9	9~6	6~3.5	3.5~1.69	<1.69
渗透率/$10^{-3}\mu m^2$	>1	0.1~1	0.055~0.1	0.003~0.055	<0.003
岩性	中粗砂岩、细砂岩	细砂岩、中粗砂岩、含砾砂岩	细砂岩、含砾砂岩	细砂岩、粉砂岩、砂砾岩	泥质粉砂岩、含泥粉砂岩、砂砾岩
面孔率/%	>5	5~2	2~1	1	<1
裂缝发育程度	裂缝发育好	裂缝发育较好	裂缝发育较差	裂缝发育很差	裂缝不发育
填隙物含量/%	<5	0~8	8~10	10~15	>15
孔隙特征	原生粒间孔、粒间溶孔为主，孔隙连通性好	原生粒间孔、粒间溶孔为主，孔隙连通性中等-较好	溶蚀孔、原生粒间孔、孔隙连通性中-差	杂基微孔、孔隙连通性差	孔隙连通性差，基本无孔隙
排驱压力/MPa	<0.3	0.3~4	3~6	4~8	>8
中值压力/MPa	<5	5~15	10~20	20~25	>25
综合评价	好	较好	中等	差	极差-非储层

　　库车坳陷克拉苏构造带巴什基奇克组储集层岩性可以划分为四大类：粉砂岩相、细砂岩相、中粗砂岩相及含砾砂岩相。分析表明，相同储集岩性不同埋藏深度的储层评价有差异，大北区块及克深区块巴什基奇克组储层埋深在 5000～7000m 时，细砂岩相、中粗砂岩相，以Ⅱ类、Ⅲ类储层为主，粉砂岩相及含砾砂岩相以Ⅲ类、Ⅱ类储层为主；埋深大于 7000m 时，粉砂岩相、细砂岩相、含砾砂岩相以Ⅲ类、Ⅳ类储层为主，中粗砂岩相以Ⅲ类、Ⅱ类储层为主。随着埋深加大，中砂岩的物性较其他几种岩性相对好，表明岩性是储层物性的关键因素之一。综合分析发现（表 8-6），细砂岩相和中粗砂岩相储层质量要好于粉砂岩相和含砾砂岩相。

表 8-6　库车坳陷克拉苏构造带巴什基奇克组不同岩相、不同埋深储层分类评价

埋深/m	细砂岩相	中粗砂岩相	粉砂岩相	含砾砂岩相
5000～7000	Ⅱ类、Ⅲ类	Ⅱ类、Ⅲ类	Ⅲ类、Ⅱ类	Ⅲ类、Ⅱ类
>7000	Ⅲ类、Ⅳ类	Ⅲ类、Ⅱ类	Ⅳ类、Ⅲ类	Ⅲ类、Ⅳ类

二、有效储层空间展布特征及预测

　　综合上述分析，克拉苏构造带白垩系巴什基奇克组有效储层（Ⅲ类储层及以上，孔隙度大于 3.5%，渗透率大于 $0.055 \times 10^{-3} \mu m^2$）在全区均有发育，有利沉积微相为三角洲前缘水下分流河道微相。其中优质储层（Ⅰ类储层和Ⅱ类储层）主要集中出现在埋深相对较浅、溶蚀作用发育的克拉苏断裂上盘；相对优质储层（Ⅲ类储层）与构造破裂作用及溶蚀作用关系密切，水下分流河道砂体与构造应力较大的断裂带匹配区较发育。根据克拉苏构造带不同区块单井巴什基奇克组储层测井中有效储层厚度，分别绘制不同沉积相类型有效储层厚度平面分布图（图 8-3、图 8-4）。因克深 5 井—拜城一线以西，巴什基奇克组第一段全部剥蚀，故在图 8-3 中，研究区西部有效储层厚度偏薄，30～120m，东部克拉 2 井区有效储层厚度最大，可达 230m；巴什基奇克组第三段有效储层厚度为 30～60m。

　　结合克拉苏构造带构造演化史、地层埋藏史、沉积演化史、成岩演化史等多史耦合研究结果，在叠合研究区沉积相图、成岩相平面展布图、孔隙度等值线图、有效储层厚度图等基础图件基础上，结合储层质量主成分分析评价模型研究结果，考虑裂缝发育状况，综合预测了巴什基奇克组第二段及第三段有利储层分布（图 8-5、图 8-6）（因研究区西部巴什基奇克组第一段剥蚀殆尽，未做评价图）。克拉苏断裂以北区块巴什基奇克组主要发育Ⅰ类和Ⅱ类优质储层，其主要分布于三角洲前缘水下分流河道微相，压实作用及胶结作用中等，溶蚀作用较强的成岩相内；断裂带以南巴什基奇克组发育部分Ⅱ类和Ⅲ类、Ⅳ类、Ⅴ类储层。其中Ⅱ类和Ⅲ类储层主要分布于三角洲前缘水下分流河道微相，溶蚀作用较强烈的有利成岩相带内，且破裂作用发育，裂缝丰富，储层物性较好。Ⅳ类差储层主要分布在强压实强胶结中等溶蚀的不利成岩相带内，物性偏差。Ⅴ类极差（非储层）主要分布于压实作用及胶结作用强，溶蚀作用较弱的三角洲前缘朵叶间部位。

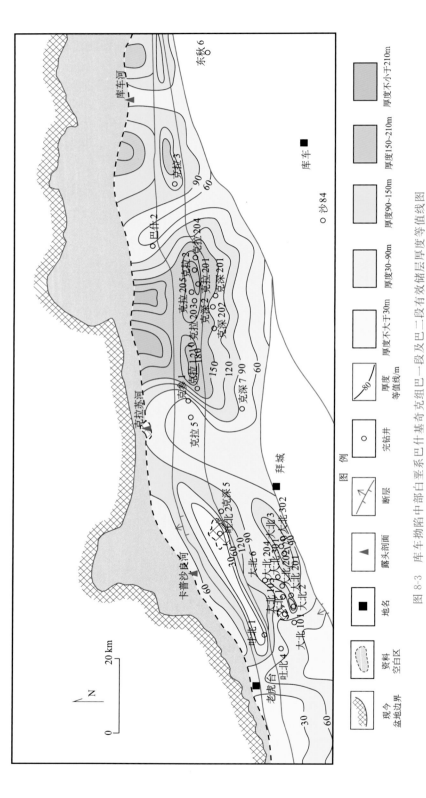

图 8-3 库车拗陷中部白垩系巴什基奇克组巴一段及巴二段有效储层厚度等值线图

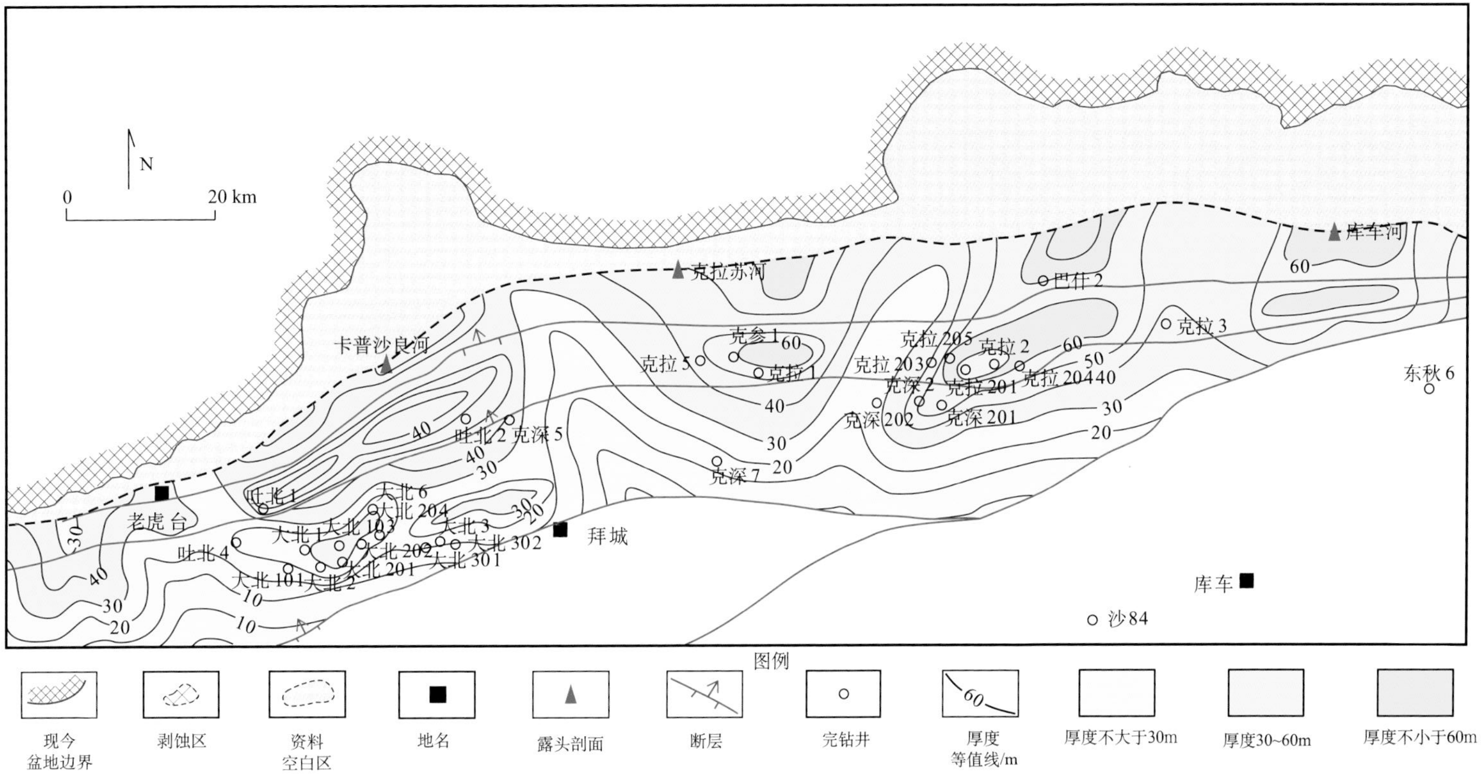

图 8-4 库车拗陷中部白垩系巴什基奇克组第三段有效储层厚度等值线图

187

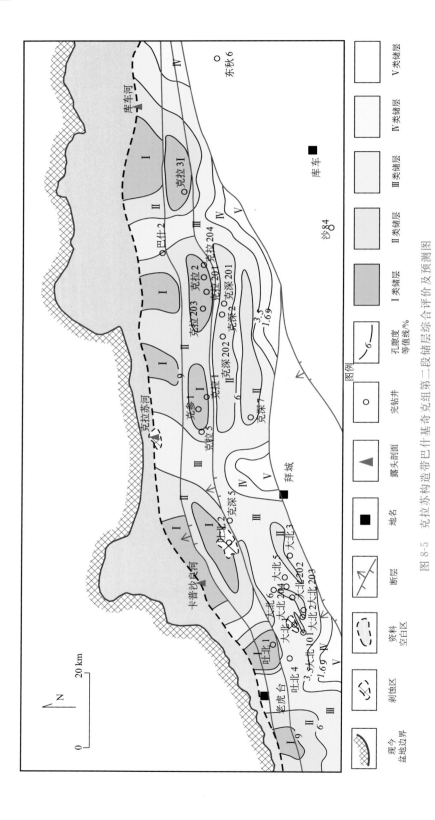

图 8-5 克拉苏构造带巴什基奇克组第二段储层综合评价及预测图

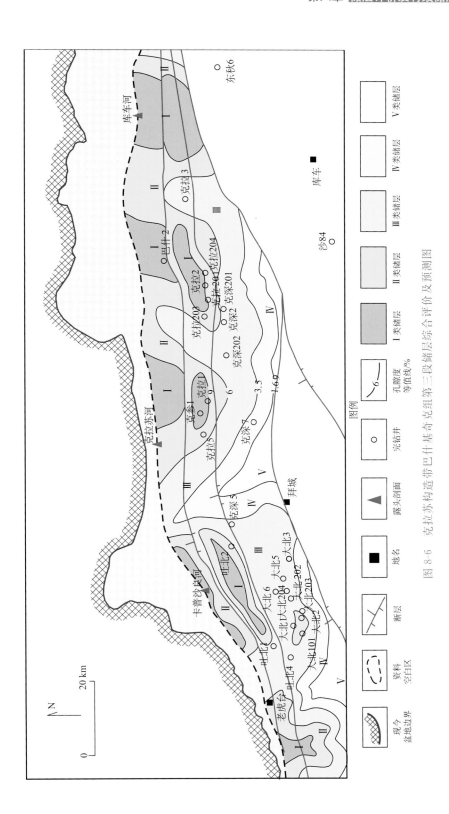

图 8-6 克拉苏构造带巴什基奇克组第三段储层综合评价及预测图

参考文献

操应长，王艳忠，徐涛玉，等.2009.东营凹陷西部沙四上亚段滩坝砂体有效储层的物性下限及控制因素.沉积学报，27（2）：230-237.

陈彦华，刘莺.1994.成岩相——储集体预测的新途径.石油实验地质，16（3）：274-281.

陈丽华，王家华，李应进，等.2000.油气储层研究技术.北京：石油工业出版社：51-60.

崔永斌.2007.有效储层物性下限值的确定方法.国外测井技术，22（3）：32-35.

戴俊生，冯建伟，李明，等.2011.砂泥岩间互地层裂缝延伸规律探讨.地学前缘，18（2）：277-283.

范明，黄继文，陈正辅.2009.塔里木盆地库车坳陷烃源岩热模拟实验及油气源对比.石油实验地质，31（5）：518-521.

冯增昭.1992.单因素分析综合作图法——岩相古地理学方法论.沉积学报，10（3）：70-77.

冯增昭.2004.单因素分析多因素综合作图法——定量岩相古地理重建.古地理学报，6（1）：3-19.

顾家裕，方辉，贾进华，等.2001.塔里木盆地库车坳陷白垩系辫状三角洲砂体成岩作用和储层特征.沉积学报，19（4）：517-523.

郭睿.2004.储集层物性下限值确定方法及其补充.石油勘探与开发，31（5）：140-144.

郭卫星，漆家福，李明刚，等.2010.库车坳陷克拉苏构造带的反转构造及其形成机制.石油学报，31（3）：379-385.

韩登林，李忠，韩银学，等.2009.库车坳陷克拉苏构造带白垩系砂岩埋藏成岩环境的封闭性及其胶结作用分异特征.岩石学报，25（10）：2351-2362.

韩冬梅.2011.东营凹陷膏盐层对地温及成烃演化的影响.西部探矿工程，23（9）：84-86.

何登发，吕修祥，林永汉，等.1996.前陆盆地分析.北京：石油工业出版社：1-212.

胡海燕.2004.油气充注对成岩作用的影响.海相油气地质，9（1）：85-89.

胡文瑞.2009.低渗透油气田概论.北京：石油工业出版社：11-13.

黄洁，朱如凯，侯读杰.2010.沉积环境和层序地层对次生孔隙发育的影响——以川中地区须家河组碎屑岩储集层为例.石油勘探与开发，37（2）：158-166.

纪友亮.2009.油气储层地质学.第2版.东营：中国石油大学出版社：236.

贾承造.1992.塔里木板块构造演化//李清波，戴金星，刘如琦，李继亮.现代地质学研究文集（上）.南京：南京大学出版社：22-31.

贾承造，陈汉林，杨树锋，等.2003.库车坳陷晚白垩世隆升过程及其地质响应.石油学报，24（3）：1-5，15.

贾进华，薛良清.2002.库车坳陷中生界陆相层序地层格架与盆地演化.地质科学，37（S1）：121-128，140.

贾进华，顾家裕，郭庆银，等.2001.塔里木盆地克拉2气田白垩系储层沉积相.古地理学报，3（3）：67-75.

贾颖，李培军，付鑫，等.2011.潜江凹陷潜江组膏盐层特征及其对地层压力的影响.地质科技情报，30（3）：50-54.

康永尚，沈金松，谌卓恒.2005.现代数学地质.北京：石油工业出版社：67-71.

李会军，吴泰然，吴波，等.2004.中国优质碎屑岩深层储层控制因素综述.地质科技情报，23（4）：76-82.

李军，张超谟，王贵文，等.2004.前陆盆地山前构造带地应力影响特征及其对储层的影响.石油学报，25（3）：23-27.

李军，张超谟，李进福，等.2011.库车前陆盆地构造压实作用及其对储集层的影响.石油勘探与开发，38（1）：47-51.

李忠，王道轩，林伟，等.2004.库车坳陷中—新生界碎屑组分对物源类型及其构造属性的指示.岩石学报，20（3）：655-666.

李忠，张丽娟，寿建峰，等.2009.构造应变与砂岩成岩的构造非均质性——以塔里木盆地库车坳陷研究为例.岩石学报，25（10）：2320-2330.

梁正中，袁波，常振恒，等.2011.渤海湾盆地文东地区膏盐岩与超压油气藏分布.海洋地质前沿，27（10）：22-26.

刘春，张惠良，韩波，等.2009.库车坳陷大北地区深部碎屑岩储层特征及控制因素.天然气地球科学，20（4）：504-512.

刘志宏，卢华复，贾承造，等.2000.库车再生前陆逆冲带造山运动时间、断层滑移速率的厘定及其意义.石油勘探与开发，27（1）：12-15.

卢华复，贾东，蔡东升，等.1996.塔里木和西天山古生代板块构造演化//童晓光，梁狄刚，贾承造.塔里木盆地石油地质研究新进展.北京：科学出版社：235-245.

卢华复，贾东，陈楚铭，等.1999.库车新生代构造性质和变形时间.地学前缘，6（4）：215-221.

卢华复，贾承造，贾东，等.2001.库车再生前陆盆地冲断构造楔特征.高校地质学报，7（3）：257-271.

罗哲潭，王允诚.1986.油气储集层的孔隙结构.北京：科学出版社：201-205.

骆行文，姚海林.2010.基于主成分分析的岩石质量综合评价模型与应用.岩土力学，31（S2）：452-455.

梅冥相，于炳松，靳卫广.2004.塔里木盆地库车坳陷白垩纪层序地层格架及古地理演化.古地理学报，6（3）：261-278.

潘荣，朱筱敏，张剑锋，等.2015.克拉苏冲断带深层碎屑岩有效储层物性下限及控制因素.吉林大学学报（地球科学版），45（4）：1011-1020.

漆家福，雷刚林，李明刚，等.2009.库车坳陷-南天山盆山过渡带的收缩构造变形模式.地学前缘，16（3）：120-128.

覃建雄，田景春，杨作升.2000.陕甘宁盆地中部马五$_4^1$气层成岩相与有利储集区预测.中国海上油气（地质），14（1）：38-42.

裘怿楠.1997.油气储层评价技术.北京：石油工业出版社：20-43.

裘怿楠，陈子琪.1996.油藏描述.北京：石油工业出版社：80-225.

沈扬，马玉杰，赵力彬，等.2009.库车坳陷东部古近系—白垩系储层控制因素及有利勘探区.石油与天然气地质，30（2）：136-142.

寿建峰.1999.碎屑岩储层控制因素及钻前定量地质预测.海相油气地质，4（1）：20-24.

寿建峰，朱国华.1998.砂岩储层孔隙保存的定量预测研究.地质科学，33（2）：244-250.

寿建峰，朱国华，张惠良.2003.构造侧向挤压与砂岩成岩压实作用——以塔里木盆地为例.沉积学报，21（1）：90-95.

寿建峰，张惠良，沈扬，等.2006.中国油气盆地砂岩储层的成岩压实机制分析.岩石学报，22（8）：2165-2170.

宋岩，洪峰，夏新宇，等.2006.异常压力与油气藏的同生关系——以库车坳陷为例.石油勘探与开发，33（3）：303-308.

童亨茂.2006.成像测井资料在构造裂缝预测和评价中的应用.天然气工业，26（9）：58-61.

万桂梅，汤良杰，金文正，等.2007.膏盐层在库车秋里塔格构造带构造变形及成藏中的作用.地质科学，42（4）：666-677.

万玲，孙岩.1999.确定储集层物性参数下限的一种新方法及其应用：以鄂尔多斯盆地中部气田为例.沉积学报，17（3）：454-457.

汪新文，陈景发，李光，等.1994.塔北库车坳陷的变形特征及其与油气关系.石油与天然气地质，15（1）：40-50.

王波，张荣虎，任康绪，等.2011.库车坳陷大北—克拉苏深层构造带有效储层埋深下限预测.石油学报，32（2）：212-218.

王俊鹏，张荣虎，赵继龙，等.2014.超深层致密砂岩储层裂缝定量评价及预测研究——以塔里木盆地克深气田为例.天然气地球科学，25（11）：1735-1745.

王良书，李成，刘绍文，等.2003.塔里木盆地北缘库车前陆盆地地温梯度分布特征.地球物理学报，46（3）：

403-407.

王清晨，张仲培，林伟.2003.库车盆地-天山边界的晚第三纪断层活动性质与应力状态.科学通报，48（24）：2553-2559.

王衍琦，张绍平，应凤祥.1996.阴极发光显微镜在储层研究中的应用.北京：石油工业出版社：45-46.

王艳忠，操应长，宋国奇，等.2008.试油资料在渤南洼陷深部碎屑岩有效储层评价中的应用.石油学报，29（5）：701-710.

王占国.2005.异常高压对储层物性的影响.油气地质与采收率，12（6）：31-33.

王招明.2014.塔里木盆地库车拗陷克拉苏盐下深层大气田形成机制与富集规律.天然气地球科学，25（2）：153-166.

王振宇，刘超，张云峰，等.2016.库车拗陷K区块冲断带深层白垩系致密砂岩裂缝发育规律、控制因素与属性建模研究.岩石学报，32（3）：865-876.

夏明军，邓瑞健，姜贻伟，等.2009.普光气田鲕滩储层形成的物质基础和保存成因.断块油气田，16（6）：5-9.

肖建新，林畅松，刘景颜.2002.塔里木盆地北部库车拗陷白垩系层序地层与体系域特征.地球学报，23（5）：453-458.

闫建萍，刘池阳，马艳萍.2009.成岩作用与油气侵位对松辽盆地齐家-古龙凹陷扶杨油层物性的影响.沉积学报，27（2）：212-220.

杨树锋，陈汉林，程晓敢，等.2003.南天山新生代隆升和去顶作用过程.南京大学学报（自然科学版），39（1）：1-8.

杨永国.2010.数学地质.徐州：中国矿业大学出版社：110-113.

于雯泉，叶绍东，陆梅娟.2011.高邮凹陷阜三段有效储层物性下限研究.复杂油气藏，4（1）：5-9.

张春，蒋裕强，郭红光，等.2010.有效储层基质物性下限确定方法.油气地球物理，8（2）：11-16.

张荣虎，张惠良，寿建峰，等.2008a.库车拗陷大北地区下白垩统巴什基奇克组储层成因地质分析.地质科学，43（3）：507-517.

张荣虎，张惠良，马玉杰，等.2008b.特低孔特低渗高产储层成因机制——以库车拗陷大北1气田巴什基奇克组储层为例.天然气地球科学，19（1）：75-82.

张惠良，张荣虎，杨海军，等.2012.构造裂缝发育型砂岩储层定量评价方法及应用——以库车前陆盆地白垩系为例.岩石学报，28（3）：827-835.

张惠良，张荣虎，杨海军，等.2014.超深层裂缝-孔隙型致密砂岩储集层表征与评价——以库车前陆盆地克拉苏构造带白垩系巴什基奇克组为例.石油勘探与开发，41（2）：158-167.

赵澄林，朱筱敏.2001.沉积岩石学（第三版）.北京：石油工业出版社：102.

赵靖舟.2003.前陆盆地天然气成藏理论及应用.北京：石油工业出版社：7-15.

赵靖舟，戴金星.2002.库车油气系统油气成藏期与成藏史.沉积学报，20（2）：314-319.

赵文智，张光亚，王红军.2005.石油地质理论新进展及其在拓展勘探领域中的意义.石油学报，26（1）：1-7.

赵文智，王红军，王兆云，等.2006.天然气地质基础研究中的几项新进展及其勘探意义.自然科学进展，16（4）：393-399.

钟大康，朱筱敏，张琴.2004.不同埋深条件下砂泥岩互层中砂岩储层物性变化规律.地质学报，78（6）：863-871.

钟大康，朱筱敏，王红军.2008.中国深层优质碎屑岩储层特征与形成机理分析.中国科学：D辑，38（S1）：11-18.

朱光辉，谢楠，李毓丰，等.2010.缅甸睡宝盆地A井区古近系碎屑岩储层成岩作用与孔隙演化.海洋石油，30（4）：26-31.

朱如凯，高志勇，郭宏莉，等.2007.塔里木盆地北部白垩系—古近系不同段、带沉积体系比较研究.沉积学报，25（3）：325-331.

朱世发，朱筱敏，刘振宇，等.2008.准噶尔盆地西北缘克-百地区侏罗系成岩作用及其对储层质量的影响.高校地质学报，14（2）：172-180.

朱筱敏.2008.沉积岩石学（第四版）.北京：石油工业出版社：318.

邹才能，陶士振，周慧，等.2008.成岩相的形成、分类与定量评价方法.石油勘探与开发，35（5）：526-540.

Leverson A I. 1975. 石油地质学（上册）. 华东石油学院勘探系译. 北京：地质出版社.

Ajdukiewicz J M，Nicholson P H，Esch W L. 2010. Prediction of deep reservoir quality using early diagenetic process models in the Jurassic Norphlet Formation，Gulf of Mexico. AAPG Bulletin，94（8）：1189-1227.

Aleta A. 2000. Mineralogical descriptons of the bentonite in Balamban Cebu Province，Philippines. Clay Science，11（3）：299-316.

Beard D C，Weyl P K. 1973. Influence of texture on porosity and permeability of unconsolidated sand . AAPG Bulletin，57（2）：349-369.

Bjørlykke K. 2013. Relationships between depositional environments，burial history and rock properties. Some principal aspects of diagenetic process in sedimentary basins. Sedimentary Geology，301（3）：1-14.

Bloch S，Lander R H，Bonnell L. 2002. Anomalously high porosity and permeability in deeply buried sandstone reservoirs：Origin and predictability. AAPG Bulletin，86（2）：301-328.

Ehrenberg S N. 1989. Assessing the relative importance of compaction processes and cementation to reduction of porosity in：sandstones discussion：compaction and porosity evolution of Pliocene sandstones，Ventura Basin，California：discussion. AAPG Bulletin，73：1274-1276.

Grigsby J D，Langsford R P. 1996. Effects of diagenesis on enhanced resolution bulk density logs in Tertiary Gulf Coast sandstones：An example from the Lower Vicksburg Formation，McAllen Ranch field，south Texas. AAPG Bulletin，80（11）：1801-1819.

Holmes A. 1965. Principles of Physical Geology、2nd Edition. New York：The Ronald Press Co：1288.

Houseknecht D W. 1987. Assessing the relative importance of compaction processes and cementation to reduction of porosity in sandstones. AAPG Bulletin，71（6）：633-642.

Hower P W. 2001. Principal components analysis of protein structure ensembles calculated using NMR data. Journal of Biomolecular NMR，20（1）：61-70.

Januj J. 2012. Common factors，principal components analysis，and the term structure of interest rates. International Journal of Psychophysiology，54（3）：201-220.

Lee M K. 1994. . Groundwater flow，late cementation，and petroleum accumulation in the Permian Lyons sandstone，Denver Basin. AAPG Bulletin，78（2）：217-237.

McPherson J G，Shanmugam G，Moiola R J. 1987. Fan-deltas and braid delta：Varieties of coarse-grained delta. Geological Society of America Bulletin，99：331-340.

McPherson J G，Shanmugam G，Moiola R J. 1988. Fan-deltas and braid delta：Conceptual problems//Nemec W，Steel R J. Fan-deltas：Sedimentary and Tectonic Settings. Glasgow：Blackie and Son：14-21.

Morad S，Al-Ramadan K，Ketzer J M，et al. 2010. The impact of diagenesis on the heterogeneity of sandstone reservoirs：A review of the role of depositional facies and sequence stratigraphy. AAPG Bulletin，94（8）：1267-1309.

Osborne M J，Swarbrick R E. 1999. Diagenesis in North Sea HPHT clastic reservoirs-consequences for porosity and overpressure prediction. Marine and Petroleum Geology，16（2）：337-353.

Peters D. 1985. Recognition of two distinctive diagenesis facies trends as aid to hydrocarbon exploration in deeply buried Jurassic-Smackover carbonates of southern Alabama and southern Mississippi. AAPG Bulletin，69（2）：295-296.

Primmer T J，Cade C A，Evans J，et al. 1997. Global patterns in sandstone diagenesis：Their application to reservoir quality prediction for petroleum exploration//Kupecz J A，Gluyas J，Bloch S. Reservoir Quality Prediction in Sandstones and Carbonates. AAPG Memoir 69：61-77.

Stover S C，Ge S，Weimer P，et al. 2001. The effects of salt evolution，structural development，and fault propagation on Late Mesozoic-Cenozoic oil migration：A two-dimensional fluid-flow study along a megaregional profile in the Northern Gulf of Mexico Basin. AAPG Bulletin，85（11）：1945-1966.

Taylor T R，Giles M R，Hathon L A，et al. 2010. Sandstone diagenesis and reservoir quality prediction：Models，myths，and reality. AAPG Bulletin，94（8）：1093-1132.

Victoria L C, Allan T W. 2008. The identification of age-related differences in kinetic gait parameters using principal component analysis. Clinical Biomechanics, 23 (2): 212-220.

Wilkinson M, Daeby D, Haszeldine R S, et al. 1997. Secondary porosity generation during deep burial associated with overpressure leak-off, Fulmar formation, U. K. Central Graben. AAPG Bulletin, 81 (6): 803-813.

Ying O. 2005. Evaluation of river water quality monitoring stations by principal component analysis. Water Reasearch, 39 (12): 2621-2635.

Zou C N, Tao S Z, Zhang X X, et al. 2009. Geologic characteristics, controlling factors and hydrocarbon accumulation mechanisms of China's Large Gas Provinces of low porosity and permeability. Science in China (Series D: Earth Sciences), 52 (8): 1068-1090.

索 引